U0359078

地方志災異資料叢刊

第二編

17

于春媚 賈貴榮 編

國家圖書館出版社

第十七冊目録

浙江省

（清）馬如龍、楊鼐等纂修　（清）李鐸等增修

【康熙】杭州府志

清康熙二十五年（1686）刻三十三年（1694）李鐸增刻本

祥異 附

論曰善言天者必有徵於人春秋于災異大書屢書不一書豈徒誇聽聞哉書曰王省惟歲卿士惟月師尹惟日則一方之災祥亦守土者所當省躬而修政也志祥異

漢孝武帝天漢五年夏四月錢塘江岑石不見七年岑石復見

後帝延熙十二年冬十二月寶鼎出臨平湖事在吳赤烏十二年

晉武帝咸寧二年秋八月吳臨平湖開石印封發吳人或言于吳主曰臨平湖自漢末穢塞長老言湖塞天下亂湖開天下平近者無故忽開此天下當太平青蓋入洛之祥也吳主以問都尉陳訓對曰臣止能望氣不能達湖之開塞退而告其友曰青蓋入洛者銜璧之事也

孝愍帝建興四年玉册見于臨安蓋元帝中興之祥

成帝咸和六年夏六月錢唐豕異錢唐民家豕產兩皆面如人其身猶豕

九年夏四月甘露降錢唐柳樹

五月白鷰見錢唐吳國內史虞潭以獻

安帝元興二年冬十月錢唐臨平湖水赤桓元諷吳使開除以爲己瑞俄而元敗

宋文帝元嘉十八年秋七月鹽官產白雀吳郡太守劉禎以獻

十九年夏四月白龜見餘杭吳興太守文道思以獻

二十年夏四月白龜見餘杭揚州刺史始興王濬以聞

二十四年白雀產于民家

明帝泰始七年錢唐生連理木吳郡太守王延之以聞

順帝昇明元年冬十月於潛縣桃李柰實

二年春二月於潛縣山出洪水於潛翼異山一夕二十五處出流漂民居

齊武帝永明七年夏六月鹽官獲白雀

吳郡太守江斅於錢唐獲蒼玉璧以獻

九年秋七月錢唐獲白雀

鹽官有魚孽石浦有海魚乘潮至水退不得去長三十餘丈黑色無鱗未死聲如牛土人呼為海燕取食之京房所謂魚孽是也

梁武帝天監七年鹽官邑人弘靈慶井中放光三日不止

獲銅僧伽像因捨宅爲慶善寺乃自賣於佛寺爲奴以贖

陳文帝天嘉元年冬十一月臨平湖開臨平湖草久塞忽然自開陳主惡之

唐代宗大曆元年浙西水災

十年秋七月杭州大風潮溺州民五千家船千艘

德宗貞元六年浙西大旱井泉竭人暍日溺水死者甚衆

穆宗長慶四年秋浙西旱

太和元年春浙西大疫

四年夏浙西大水害稼

五年夏六月辛卯杭州水害稼

六年夏五月杭州災疫

七年秋浙西大水害稼

懿宗咸通十四年異鳥來鳴吳越有異鳥極大四目三足鳴山林其聲曰羅平占曰國有兵人相食按此蓋黃巢來寇董昌僭號之兆也

僖宗中和三年天有聲於浙西聲如轉磨無雲而雨是謂天泣占

昭宗天復三年春三月浙西大雪平地三尺餘其氣如烟其味苦

秋七月浙江水溢壞民居

九月有龍鬭於浙江水溢壞民廬舍

冬十二月浙西大雪

晉高祖天福六年秋七月杭州大火吳越府署火吳越王元瓘驚懼發狂疾

唐人勸唐主乘斂取之唐主曰奈何利人之災遣使唁之且賙其乏

周太祖廣順五年夏四月杭州火吳越王弘俶奏十日夜杭州火焚燒府署殆盡

上命中傳齋詔恤問

宋太宗淳化二年夏五月餘杭縣旱雷雨大風拔木瓦片悉飄人謂龍經其地

至道三年知秦州田錫上言杭州災荒狀疏言今年十一月有杭州賫牒秦州會問公事臣聞彼處米價每斗六百五十文飢餓死者不少溝渠皆是死人一僧收拾埋藏千人作一坑五十人作一窖云云

真宗咸平二年春三月杭州箭竹生米如稻

天禧三年錢塘民婦一乳三子謝文妻

仁宗景祐三年夏六月浙江潮溢壞堤千餘丈事聞于朝遣中使祭告江神

神宗熙寧八年夏四月鹽官縣饑自三月地產物如珠可食水產菜如菌可爲菹民甚賴之

冬十月杭州地湧血者三流入河腥不可聞

哲宗元祐元年秋八月杭州連理木生

高宗建炎二年地湧血清波門內竹園山平地湧血須臾城池腥聞數里明年金人殺戮萬餘人即其地也

霖雨占曰陰盛下有陰謀後一年苗劉爲逆伏誅

三年夏五月於潛臨安二縣大水辛卯夜山水暴出壞廬田溺死甚衆

四年冬十月歲星見吳分

紹興元年二月霖雨臨安城壞壞三百八十丈

夏六月臨安火

二年春二月臨安大雨雹

夏五月臨安大火先是熒惑犯東南星占曰將相有憂又有火未幾火發頃刻焚山亘六十里燔民居一萬數千家

五年夏五月臨安虐暑殺人計四十餘日草木盡枯死者甚衆臨安尤甚

秋八月臨安屬縣大水時洪水發天目諸山忽高二丈許衝決塘岸百餘所漂溺廬舍千五百餘家流屍散入旁邑木篠化爲腐草御史黃畿請于朝修築塘岸

六年夏六月乙巳夜臨安地震有聲自西北如雷餘杭縣爲甚是年劉麟劉俔寇濠壽二州

冬十二月臨安大火燔萬餘家人多灼死

十年冬十月臨安火是時宋已都臨安其不曰京師者宋棄汴京不守不予其都臨安也蓋天火曰災人孽曰火秦檜專權自恣妒害忠良臨安之火安知非檜爲之不然何以直書火乎

十二年春三月臨安大火四月又火

秋九月甲子火焚民居將及太室而止乙丑令有司撤火道周廟垣二十步

十六年春三月臨安雨木占木下植而上顛有上下易位之象

十八年餘杭縣有牛生二犢一身

二十年餘杭民婦產子青毛二肉角又二家產子毛角皆同連體兩面相向三家相去一二里

二十五年夏五月太室楹生芝九莖秦檜帥百官觀芝之稱賀自檜首

（相和仇罷兵文飾太平天下競以草木之妖獻瑞）

二十九年雷震于鹽官縣（管𨛦亭戶顧德謙妻張氏夢神以宿生事責之曰明日當死于雷甫覺而坐咽姑問之具以實對姑殊不信明日暴風天晴張恐姑老驚怖易服出屋外桑下立俄雷電起聞空中有人呼張曰汝實當死以一念起孝天赦汝又曰汝歸益爲善以語人世）

三十年夏五月辛卯臨安於潛二縣大水

三十二年夏六月大蝗（癸巳蝗飛入浙西聲如風雨至七月丙申飛徧畿縣丙午蝗入京城）

孝宗隆興二年夏六月餘杭縣大蝗

乾道元年春二月臨安大饑（疫死者不可勝計）

二年春正月臨安淫雨至夏四月猶寒

三年秋七月臨安縣大水七月己酉臨安天目山湧暴水決臨安縣五鄉民廬二百八十餘家人多溺死

臨安大震電

淳熙元年秋七月錢塘江堤決錢塘大風濤決臨安府江隄一千六百六十餘丈漂居民六百三十餘家仁和縣瀕江二鄉壞田圍

八月臨安大雨水害稼壞德勝江漲北新三橋及仁錢餘三縣田入湖秀州害稼

四年夏五月錢塘江隄決

秋九月錢塘江隄又決

七年臨安自七月不雨至九月

是歲臨安饑

八年臨安自七月不雨至十一月

九年夏五月臨安大無麥行都饑於潛昌化人食草木

六月臨安府蝗詔守臣捕蝗焚而瘞之至八月[illegible]又蝗定諸州官捕蝗之罰復[illegible]荒政監司守臣

十一年秋七月浙西水時米價踴貴下令禁諸州遏糴

雨黑水于新城縣

十三年秋八月臨安地湧血民家有血自地湧出濺染至屋汚人衣

十四年夏六月臨安旱帝以久旱幸太乙宮明慶寺禱雨

臨安民婦產怪子子生而能言四目暴長四尺

秋七月臨安蝗命臨安府捕之

臨安府九縣饑詔發廪賑之

光宗紹熙二年鹽官饑斗米千錢

三年春正月巳巳臨安火大火通夕至庚午闤闠焚者大半

四年夏臨安大霖雨自四月至五月浙東西郡縣壞圃田害蠶麥蔬稑

秋富陽縣生橘實

五年秋八月臨安大水

冬十月臨安風災乙亥大風拔木壞舟甚衆至戊戌又大風木盡拔

浙西饑

十一月辛亥臨安雨木

十二月臨安南山崩南高峯忽摧折

寧宗慶元三年秋七月富陽鹽官二縣螟

六年冬十二月臨安無雪桃李華蟄蟲不藏按管子曰臣棄君則陰侵陽盛冬不氷時韓侂冑擅朝陰脅陽之象

嘉泰元年夏五月臨安大水三日乃息

二年秋九月臨安大旱西湖之魚皆浮食者輒病

四年春三月臨安大火四日右丞相府火程官劉慶家火延糧料院右丞相府尚書省樞密院制勅院檢正房左右司諫院尚書六部工部侍郎廳葛嶺松嶺清平山仁王寺石佛菴樞密院親兵營修內司學士院內酒庫門廊屋殿及內中宮官兵救撲許以重賞太廟神主開寶法物皆移寓德壽宮是夕百官之家盡知都府被火五日和寧門鴟吻上火忽起有張隆用飛梯騰屋擊鴟吻碎之乃滅

開禧元年夏四月錢塘大水浸壞民廬西湖溢瀕湖民舍皆圮

秋八月臨安大風癸酉大風拔木折禾穗墮果實寧宗露禱至丙子乃息

嘉定元年春正月臨安饑斗米千錢

臨安大火凡四日焚御史臺等官舍十餘所民舍五萬八千九十七家城內外亘十餘里死者甚衆城中廬舍十燬至七百官多僦舟居

二年夏四月臨安大疫

六月飛蝗入臨安諸縣

秋九月臨安大饑

三年春三月臨安諸縣大水嚴衢婺徽州富陽餘杭鹽官新城諸暨淳安大雨水溺死者衆湊行都廬舍五千三百間西湖溢

秋七月臨安府蝗

四年春三月臨安大火焚省部等官舍延及太廟詔遷神主于壽慈宮三日火息乃還太廟焚民居二千七百餘家

六年夏四月臨安地震

六月臨安大水

七年夏四月乙卯臨安大蝗自夏徂秋蝗不息飢民競捕官以粟易之

八年夏五月臨安大旱草木枯槁百泉皆竭行都斛水百錢渴死者甚衆

九年臨安饑閭巷有殍令賑粟蠲逋

十年冬十月浙江濤溢圯廬舍覆舟溺死者甚衆

十二年鹽官縣海溢潮汐衝平野二十餘里侵縣治廬洲港瀆蜀山淪入海中聚落田疇大半淪及隣郡越六年始平

十三年冬十一月臨安大火

十六年餘杭錢塘仁和三縣大水

十七年春三月餘杭錢塘仁和三縣饑

理宗紹定三年霖雨將連兩四十日浙西田盡沒于水其不沒者則大風驚湖水而來頃刻殆盡杭民渡太湖揚子江就食于江北者數千餘人皆溺死

四年春三月天雨黃霧是月三日天雨黃霧塵土四塞入人口鼻皆酸辛几案如灰積行者相去丈餘不能識面日輪昏黯無光雨連日夜不止是夜二鼓望仙橋東火延燒數路至七日愈熾塵霧益盛燒踰萬家

秋九月臨安大火太廟燬丙戌夜行都火延太廟三省六部御史臺秘書省玉牒所惟丞相彌遠府獨存

五年春二月甲子朔有星隕於宗陽宮是日甲子朔初更有星如斗自東南向西紅光燭地隕于宗陽宮其聲殷殷如雷

嘉熙元年夏五月臨安大火自巳至酉燒民廬五十三萬

三年臨安饑

四年臨安大饑市中殺人以賣盜在隱處賣人以徼利日未晡路無行人

淳祐四年鹽官大饑

度宗咸淳六年秋七月慶忌塔池水壁立塔前池水壁立或云中有大龜數百年者故與妖若此

十年春正月臨安雨土

秋八月天目山崩癸丑大霖雨天目山崩水湧流安吉臨安餘杭民溺死者無算

庚午錢塘江潮失期不至是日度宗梓宮發引至浙江上候潮漲絶凡潮天明至日晡不至

帝㬎德祐元年臨安雨土

二年壬寅錢塘江潮三日不至元將伯顏遣人入臨安駐兵錢塘江沙上太皇太后望祝日海若有靈當使波濤大作一洗而空之潮竟三日不至

元世祖至元二十三年杭州大火

二十五年春正月杭州大火

冬十月丙子夜杭州地震十一月庚寅又震始如暴雷駕海潮之聲自西南來雞犬皆鳴窗戶磔磔撼動瓦屋俱震

成宗大德元年海塘崩委禮部郎中游中順洎本省官相視虛沙復漲難于施力

三年海決

秋七月杭州饑

八年秋八月杭州火

九月杭州饑

仁宗延祐元年秋九月鹽官州海溢陷地三十餘里時議州後北門添築土塘然後築石塘東西長四十三里後以潮汐沙漲而止

泰定帝泰定元年冬十二月杭州海溢海水大溢壞隄塹侵城郭有司以石囤木櫃捍之不止

二年海決衝隄請名僧宏濟詛之

四年春二月鹽官風潮大作壞州城郭四月八日潮

患愈烈令天師致祭議作塘四十餘里鹽塘增令高澗庶可禦護

文宗天曆元年秋八月杭州大水沒民田

順帝至正元年春二月壬辰雨核于杭州黑氣亘天雷電而雨有物若果核與雨雜下五色間錯破食其仁如松子相傳爲娑婆樹子是年九月紅巾入城雨核地恐遭兵火

夏四月杭州大火七燔官舍民居寺觀一萬五千百餘間死者七十四人

三年夏四月杭州大火先是辛巳三月江浙行省平章政事只理瓦台衣紅服入城赴任兒童謠言火殃來矣至是四月一日火災尤盛燬民廬舍四萬有奇自昔罕見

三年夏五月杭州火作于車橋火流如烏孛如梧街所指即焚憲副僉欒公向火叩首曰火寧焚于躬弗民災也言既風轉郊郭賴以安全

七年秋八月壬午錢塘江午潮退而復至

八年夏五月錢塘江潮溢

十七年春正月雨黑水于杭州河水皆黑

二十年異雲見光映西湖前江浙儒學副提舉劉基遊西湖有異雲起西北光映西湖水時魯道原諸同遊皆以爲慶雲將分韻賦詩基獨縱飲不顧大言曰此天子氣也應在金陵十年後有王者起我當輔之時杭州全盛聞者大駭以爲狂

錢塘江潮不至

吳元年夏四月至六月不雨知府王典禰竭誠致禱雨澤立至歲獲有秋

明太祖洪武五年秋七月餘杭縣大風山水湧漂廬舍人畜溺死者衆

七年杭州旱

九年夏五月錢塘仁和餘杭三縣大水下田被浸者九十五頃

三十年夏六月杭州旱

成祖永樂六年海決陷沒赭山巡檢司

九年海復決流民六千七百餘戶淪田幾二千頃

十一年夏五月大風潮仁和縣十九都二十都沒于海時天淫雨烈風江潮滔天平地水高數丈南北約十餘里東西五十餘里居民溺死者無算存者流徙田廬漂沒殆盡

十七年杭州府學廟災蕩燬殆盡所存僅戟門師生朝夕設幕莫有爲之作新者

十八年鹽官風潮壞長安等壩陷四千五百餘丈

宣宗宣德三年夏六月杭州大水

七年夏六月昌化縣水

英宗正統二年冬十一月錢塘縣民婦一乳三子翟潤妻鄭氏產三男給鈔米優之

秋八月海寧縣海水溢

景帝景泰五年春正月大雪十餘日鳥雀死

夏五月無麥禾

七年夏五月餘杭縣大霖雨大雨連旬瓦窯塘圮

冬十月西湖水竭又晝漏當申刻之末彗星如洗箒狀至酉刻以後長如掃箒星曰既沒其長竟半天明年正月英宗復辟置少保于謙罪則謙上應乾象不止應一方湖水如行狀所載也

英宗天順元年秋七月杭州蝗害稼

九月杭州旱

四年秋七月杭州雨害稼

憲宗成化七年夏霖雨餘杭縣大水

八年秋七月杭州府大風雨江海湧溢

八月江潮水溢

十年夏四月郡城大火望仙橋北河東蔣氏火延鎮海樓伍公廟海會寺東嶽行宮玉樞雷院下逮宗陽宮南至侍郎府北至鎮守府東至巡鹽察院西至布政司凡六七里燬三千餘家

十三年二月海寧縣海決

冬十一月杭州大雷雨虹見巡按御史呂鍾言按月令八月雷始收聲二月雷乃發聲今十一月陽始生正閉藏時而雷電作虹霓見皆非時乞修省事下禮部復奏

十六年春三月五色鳥翔錢塘學宫其文五色諸生異而賦詩獨李旻一詩爲人所傳是年旻舉鄉試第一越四年甲辰大魁天下

十七年夏五月昌化縣箭竹生花踰年結實如麥

二十年秋八月訛言黑眚入郡城省中忽傳言黑眚夜入人家出小繼大能拉傷人街衢喧填徹夜不絕每過一富次早傳某家被物抓面出血某人被壓垂死及細詢查無實跡擾攘半月市民傳明日黑眚過江去也至日寂然不知何以知其來又何以知其去亦可怪哉

孝宗弘治三年夏五月仁和槎漊村有瑞麥

夏六月大雨水壞稼二十四日午後大雨如注抵暮龍井山鳳凰山洪水暴漲渰沒田禾衢決雲居山城垣虎逸入蹲三茅觀次日獲而斃之占者當損一大將是月都指揮省引卒

冬十二月杭州水

六年夏四月昌化縣風變大風拔木火光繞山少頃驟雨如注

十年秋九月地震

十六年秋杭州大旱斗米銀三錢

十八年秋七月餘杭縣暴雨驟雨山水漂房屋傷禾稼人多死者按是年五月孝廟晏駕

武宗正德三年夏五月餘杭大雨水

六月雨紅水于錢塘都御史錢鉞家是月某日天雨隣里巷道水皆清而錢家獨紅池塘盡赤逾年被籍

四年十二月杭州大雨震電

六年春正月杭州大雨電地震

七年春三月杭州地震有聲自西北至東南殷殷不絕翌日地生白毛長二寸許

夏五月杭州地震有聲

秋七月杭州地震

十年十一月杭州大水

十二年秋八月昌化縣蝱害稼

杭州地震

十四年春正月朔氷有花元日民居屋瓦俱結成花朶陰處數日不解

是歲杭州大饑

十五年秋八月癸未仁和縣大雨雹二十八日仁和大林地方闊三十里氷雹大者如斗小者如椀壞田禾樹木

世宗嘉靖元年春杭州旱時久晴無雨河渠楂涸有司行郡城內外開通河道

三月杭州大水自春徂夏田成巨河

二年秋七月杭州大風潮八月風潮再作時方久旱至處暑日狂風暴雨拔木漂瓦天開河海水湧溢漂流廬舍數百家城中河水皆鹹八月初三日大風湧海衝去太平門外沙塢廬舍百餘家

秋八月昌化縣蝗害稼

四年夏五月有星流于杭州初七日五更有大星自東流西曳尾長數十丈光明燭地亂落有聲如雷

秋九月杭州蝗

冬十月晦杭州大雷電雨

六年六月天目山崩劉青田乩石下出蛇千條衢嚴水災傷人

七年夏四月餘杭縣大風雷雹時亢旱倏大風拔木雷雹大者如碗小者如彈丸比雨點更密瓦片飛動人民驚駭牛馬奔逸

八年夏五月雨黑水于杭州城內外皆下黑雨衣服被其污染

九年海決逼海寧城

十年秋七月杭州大雨水

十四年杭州是春及秋恆雨

秋八月昌化縣竹生實竹生穗結實如小麥民採食之

十八年自春二月不雨至夏六月井泉皆竭

冬十月有流殍集錢塘江嚴衢等府大水漂流房屋什器男女至錢塘江無算

十九年昌化縣產瑞蓮縣東坡池不種而生紅白二色重花並蒂

二十年昌化縣竹生米竹葉之間苞絡成穟和餡爲餅餌最佳其地遂得豐熟

二十三年杭州大無麥禾是歲大旱米踴貴富者亦食半菽

二十四年杭州大饑飢寒所廹人有食草者時疫大行餓殍滿道

秋七月丁卯杭州大雨雹是日大晴朗午餘天忽雨雹占者以爲當損長吏未幾左布政使蕭一中卒

二十五年夏六月杭州大蝗蝗飛蔽天自西北來凡二日田禾草木傷盡

秋九月杭州屬縣多虎患虎聚成羣白日入人家道路無獨行者死傷不可勝記餘杭尤甚

三十一年夏六月杭州管局通判廳火時海寇初起軍中需火藥

甚急諸匠人就廳碾藥碾急火起人焚死者甚衆

三十五年秋九月郡城大火自熙春橋民家起俄頃遍四方東南逾數里越城飛火至永昌壩達旦始熄燒官民廬舍一萬餘間清軍察院鎮海樓俱及焉

三十七年旗纛廟災自管局廳碾藥失火之後有司慮有不虞特就廟中碾藥以廟高敞火不易侵也然一藥發火羣藥皆燃勢不可救廟煨燼人死十二三雖未若管局廳之甚然亦慘矣

四十年秋七月至冬十月杭州大水無年四五月大雨水苗種淹沒借貸補種民力已疲至秋徂冬雨水不止田成巨浸草無寸莖米踴貴飢寒死者相望于道

穆宗隆慶二年春正月湖墅大火元日德勝壩火沿燒民居一千餘家座船四十餘隻

神宗萬曆二年春二月丙辰驟熱雷電

三年夏六月大風潮江海溢（是月初一日夜怪風震濤衝決錢塘江岸坍塌數十餘丈漂流官民船千餘隻溺死人無算海寧亦然鹹水湧入内河自上塘來者至斷河自下塘來者至北關運河）

海患尤甚

秋七月江無潮

冬十月郡城火（是月二十九日夜火發菜市橋東人從橋上觀扶欄忽崩溺水中無算皆重傷死者凡四十餘兢爲祟厲昏黑不見日仁和縣梁鵬爲文祭之乃絕）

五年秋郡城火（小營巷火沿燒東里義和如松三里次日方息燬民舍千餘家）

冬十二月大雷雨（二十八日驟熱如初夏時行人有赤身者申刻陰雲陡作頃大雷雨）

六年春正月大雨雪（連六七日不止）

二月至三月恆雨

夏四月江潮復至自三年七月以後江潮無波每日潮候止暗水者兩年至是復至

八年夏五月大雨水

十四年夏五月海寧大水

十五年秋七月海寧潮溢

十七年浙西饑

秋八月海寧地震

二十二年浙西饑

夏五月海潰及于隄是月縣有瑞麥

二十四年秋八月海寧大水

三十年夏五月龍井水溢大雨頃刻三四尺寺僧急開門放之奔流嶺下壞廬

舍山間亭堂衕至飲馬橋轎中婦人與輿夫俱溺死

三十二年海寧臨安地震

三十三年夏六月旱

三十七年秋八月大雨水是月初七日雨至初十日驟雨如注晝夜不止初九日值鄉試鎖院水深三尺士子危居木板上屬文南湖諸堤皆決苕溪暴漲西溪安溪各告水災

三十九年秋七月海寧米踊貴坊市閉糴幾致亂

熹宗天啓元年春二月訛言選宮人民間嫁娶如隆慶時桃樹一花結實爲桃李邑人異之

三月大火三月初五日仁和義和一啚生員陳調燮家起火忽然四散沿燒平安東西如松等坊杭州前衛左所等地方本日午時起風猛火烈燒一十餘里至次日晚始熄又飛燒艮山門外臨江等

啚數百家續報城北二啚失火沿燒一百餘家初八日又報北艮等啚各沿燒十餘家查報共燒燬人戶六千一百餘戶房屋一萬間焚廣豐倉一所闔郡士民洶洶歸咎西湖北山新築亭館大盛鑿傷山脈所致撫軍藉茂相引京房易拒之其言曰上不盛下不節盛火四起燔宮室蓋其意在保護紳而士民愁苦之餘聞其言益憤怒竟至率衆燬其亭館幾釀大變云

六月大火 火三日居民所遷火輒隨之有數遷力疲目覩囊篋棄諸烈焰者

秋七月海溢 七月二十三日驟雨烈風海嘯沿江一帶廬舍居民漂沒俱盡

三年冬十二月二十二日地大震海寧東鄉民家生豭二尾八足怪而斃之

秋八月海水齧隄 按此係熹宗時事其年無考

懷宗崇禎元年秋七月海溢衝海寧平野二十餘里漂

溺人畜廬舍無算撫臣上其事秋糧折米

八年冬十一月二十六日海寧地震

十一年夏六月大水兩山洪漲浮所埋棺槨逐湖中湖水爲之腥穢

十二年夏五月蝗三十日未刻蝗從東南飛至西北幾蔽天形類蚱蜢或云有黃黑二色然蝗雖多俱落曠不爲禾害

秋八月蝗大集八月初八蝗大至關外積二三寸多灰色亦有綠色者頭類馬連日逐之不去初從筧橋來西過香園仍入餘杭界

十三年春正月大雨震電

夏六月大疫呻吟牀蓐者十室而九皆置屍牀下每城門出屍日數百焉

秋八月旱大饑米踴貴一石值四金秋大旱禾稻盡枯民採榆皮

以食又病疫死者無算臨安慶雲鄉梟民陳二十八殺人以食事露死于法

十四年大旱蝗飛蔽天食草根幾盡民人饑疫鬻子女售田舍野有餓殍民初食豆麥次糠粃不給者揄皮橡栗飢者妾入鬻餅家食之實不持一錢粃其頰即仆市肆見餓者扶掖以待其過爲幸每日紳衿勸中戶皆出粟設粥賴以全活者頗衆較萬曆戊申之災爲尤甚焉

十五年旱蝗　火郡司馬耳房火延及五馬堂西廊俱燬

冬十二月魚孽海寧城東三里橋有物偃于沙長二十餘丈高三丈狀若象人呼爲海象爭割之不盡流腐及秧田人有取其骨歸者巨若梁棟

十六年火轉運司耳房火延及廳事未幾布政使廳事又火蓋天災也

十七年來獻鴸獵人且得一鳥人面鳥身四足二翼山海經云鴸鳥見其國多放士今浙

江肥遯土甚多天假物以預告之云

國朝

世祖章皇帝順治二年旱

城吟永昌至淸泰聲如破鑼自南而北晝夜幾三四鳴三日乃已

秋八月物異八月梅花大放柳生桃如栗至壬辰八月桃花大放是年夏燕斷雛棄之塘棲皆然

三年桑生蝸牛食葉及豆苗幾盡海寧東鄉盜聚

大潮自此年始歷四十餘歲江潮甚大

五年物異有羊三足缺後之左足又有豬一首三耳八足兩尾生而猶活又雞生四足

六年春二月二十日海寧黑雨所貯如墨

夏六月地震生白毛如馬鬣徧地如絲空室僻砌尤多

七年星異七月初四太白經天申時隱十四又見廿二月初七日青虹貫日自巳時至申時長與天齊夜復見

秋九月十五日北高峯崩

七年江水有光夜望江上波濤間熒熒如衆星散走閃光不定

秋七月雪庚寅七月初六日熱甚午後天無雲忽飛雪極細着物即化

八年春三月馬蛟魚隨潮而至長二丈如鰌五體並具

九年日星變六月日中有物湧出念三日復見體勢輕揚向西而飛或云天花又大白晝見幾二十日

冬十月十五日大雨雹是月虎至慶春門外斃之

十年夏四月餘杭諸鄉有虎警邑之太璞山前後忽見一巨獸馬形高可八尺長丈餘紫鬣披覆如髮白身黑尾人不敢近僅遙矚焉每逐虎至水涯而食之食間則飲水以潤吻齁是虎患頓息歷四月五月不知所之覓向所食虎處惟見虎頭足四具及殘骨而已考之爾雅曰駁如馬鋸牙食虎豹此即是也

六月大旱

秋八月龍異八月初三天無雲青龍見于西湖龍之所過雲氣隨護之

十一年甲午四月地震又虎入城隨于雲居山獲之

十二年夏四月朔海寧潮溢沙崩逼至城下是年西鄉盜起

十三年夏六月螟

秋九月二十九日海寧熙春門外獲虎

十四年冬十一月大雷電（廿八日曉大雷電一冬無雪）

是冬民訛言紙妖（有物夜來初時甚小漸大如人形入卧室壓人身上爲患間有膽力者鬬獲視之乃剪紙所爲也）

十五年春正月二十四夜流光燭天

冬十月朔海水溢于河

十七年饑

十八年夏六月初十日日下有黑子（自辰至酉）

大旱督撫請蠲以報遲凡徵在官者准流免次年（斗米四百錢吳越數千餘里草木皆枯死）

今上皇帝康熙元年春三月廿一日大雨雹

三年夏六月廿六日申刻飛雪

閏六月三日海決衝入城濠

慶忠塔傾

五年冬十二月大風火一晝夜沿燒七里燔民居一萬四千四百餘家

六年夏蝗不爲災

六月二十七日海寧馬牧港飛雪

秋八月旱

七年春正月二十五日白眚西南有白氣如練史所謂白眚也

三月異鳥來戊申三月艮山門外村樹上有異鳥集焉人頭鷥眼鳥身鵞足高三尺毛花白人皆驚異又會集于東園民屋上羣鳥覺而噪之是年溜台大水田禾廬舍盡皆漂沒七月二十地震震霆

雨連朝三吳亦然

夏六月十七日酉刻地大震生白毛屋棟撼搖磔磔有聲次日徧地生毛即室舍亦然

秋大水海寧潮溢

八年春正月天狗星見兩頭銳空中有聲如雷光如電掣自西而東

夏六月龍風爲災十九二十日連見龍飛蜿蜒下洛塘南界中雲如火大風拔木飛瓦損民二十七日又見于東南鱗尾皆現徐投海去邑人言雙橋窖氏婦指云惡龍俄而擲于隔江

秋八月蟲早禾將有秋初六七連雨苗葉間出小蟲齧其莖穗盡皆折

九年春正月二十八日雪夜流星光燭地聲如雷

夏四月大雨連日河水溢禾稼渰死

六月十三日大雨河水復溢

冬十二月廿四日立春大雪盈尺至明年正月六日雪始消盡占爲旱兆

十年夏四月黎明星隕有星如榜大墜于西小星隨者數百或曰富春又云嚴陵

五月二十四日大火

六月大旱赤地

十一年秋七月蝗不爲災

閏七月大雨蟲是月渰沒杭嘉湖三府州縣其未渰沒者天忽雨蟲食穗有聲如雨

八月霖雨傷稼生螟

十二年秋九月大風火一晝夜焚房屋七千餘間自鹽橋東起延燒十三里東

一空

冬十月霖雨至十一月中始獲稻

十三年夏淫雨自四月至六月初始晴

十四年夏六月旱

十五年夏四月霖雨至五月害菽麥

十七年旱

十八年獲玳瑁于江玳瑁龜屬也出海南洋中非浙江所產己酉六月江上漁戶網得其一獻于撫軍陳公徵君林鴻識之

大旱無年

十九年錢塘江岑石復見浙江浮石漢武帝天漢年間淪沒久矣庚申四月望

日海潮自東入小門分擊兩岸驅雷捲雪直上富春浮石自西逆潮而下望之初似覆舟稍近觀之則石也長三丈餘

冬十月彗星見越十日大雪幾六尺欽天監奏彗星出于十月杭州至十一月始見長十丈餘主吳越災

二十一年秋八月彗星見日夕見于西方長丈餘

二十二年春正月至四月久雨大無麥積雨三月麥莖盡爛

（清）陳璚修　（清）王棻纂　屈映光續修
陸懋勳續纂　齊耀珊重修　吴慶坻重纂

【民國】杭州府志

民國十一年（1922）鉛印本

杭州府志卷八十二

祥異一

五行淑慝二氣之繇曰貞曰悔爲萬物誘蹈和祓釁惟有司守災祥在政無以民疢志祥異第二十七

漢

孝武帝天漢五年夏四月錢塘江岑石不見七年復見越絕書

按乾隆志云天漢無五年今從越絕書舊文

孝獻帝建安八年吳陸遜爲海昌屯田都尉幷領縣事縣連年亢旱三國志吳陸遜傳

吳

吳大帝赤烏二年饑錢塘縣志

按三國志有赤烏三年冬十一月民饑開倉廩以賑貧窮之文亦未言饑之所在錢塘志乃於二年書饑未詳何据今仍乾隆志錄入

十二年六月寳鼎出臨平湖宋書符瑞志

按文獻通考載赤烏十二年不書月萬歷志書蜀延熙年號而以六月爲十二月與宋書異乾隆志仍之考三國時杭地隷吳繫年故當從吳而以宋書爲据咸湻志亦作赤烏十二年六月戊戌

吳主亮建興二年十一月有大鳥五見於春申吳人以爲鳳皇明

年改元五鳳文獻通考

吳主休永安三年春三月西陵赤烏見三國志吳三嗣主傳

吳主皓天璽元年吳郡言臨平湖自漢末草穢壅塞今更開長老相傳此湖塞天下亂此湖開天下平又於湖邊得石函中有小石青白色長四寸廣二寸餘刻上作皇帝字於是改年大赦三國志吳三嗣主傳

按是年卽晉武帝咸甯二年晉書武帝紀亦載此事作咸甯二年秋七月乾隆志引綱目作咸甯三年非

晉

武帝太康九年春正月吳興地震晉書五行志

按乾隆志引通志災祥略次於咸甯三年後書爲九年考咸甯無九年當是失書太康二字今據晉書考正

惠帝中吳郡臨平岸崩出一石鼓槌之無聲帝以問張華華曰可取蜀中桐材刻爲魚形扣之則鳴矣如其言果聲聞數里晉書張華傳

愍帝建興四年有玉册見於臨安晉書元帝紀

按元帝紀書此無建興四年文乾隆志蓋據上文西都不守之言斷爲是年也

元帝太興二年吳郡吳興無麥禾大饑晉書五行志

按晉書元帝紀書五月文獻通考書五月蝗

八月吳郡米廡無故自壞同上

三年四月庚寅吳郡地震同上

按乾隆志引鄭樵通志作五月與晉書異文獻通考亦作四月

永昌二年五月吳興大水同上

十二月吳郡雷震雹同上

按晉書元帝改元永昌次年即明帝太寧元年永昌無二年也今從五行志原文文獻通考亦作永昌二年

明帝太寧元年五月吳興郡大水同上

三年三月白烏見吳郡宋書符瑞志

成帝咸和四年七月吳興大水晉書成帝本紀

十一月吳郡震電（晉書五行志）

六年夏六月錢塘人家豭豕產兩子皆人面如胡人狀其身猶豕（同上）

九年四月甘露降錢塘右鄉康巷之柳樹（宋書符瑞志咸淳志晉書五月甲寅）

五月白鷰見錢塘吳國內史虞潭以獻（同上咸淳志晉書五月癸酉）

咸康元年饑（康熙錢塘縣志）

按乾隆志於咸康元年上始書成帝而以咸和接隸明帝太甯後

康帝建元元年秋七月庚申吳郡災（晉書康帝本紀）

按乾隆志引鄭樵通志作庚寅災風考晉書五行志及文獻

通考俱作庚申今從晉書又通志火類又作七月庚辰亦異

海西公太和四年十月浙西火文獻通考

按乾隆志引作三年

六年六月吳興大水晉書海西公紀

簡文帝咸安二年三吳大旱晉書孝武帝紀

安帝隆安初吳郡治下夜狗吠聚高橋上人家狗有限而吠聲甚衆或夜覘之云一狗有兩三假頭皆向前亂吠無幾孫恩亂吳會焉晉書五行志

元興元年七月大饑吳郡戶口減半又流奔而西者萬計文獻通考二年十月錢塘臨平湖水赤晉書五行志

按錢塘縣志作元興元年

義熙十一年京都所在大行火災吳界尤甚火防甚峻猶自不絕王宏時爲吳郡晝在廳事見天上有一赤物下狀如信幡遙集路南人家屋上火卽大發（同上）

按安帝元興二年次年卽改元義熙乾隆志引通志作元興十一年

宋

文帝元嘉水（錢塘縣志）時謠言錢塘當出天子乃于錢塘置戍軍以防之（宋書符瑞志）

七年吳興大水（南史文帝紀）

十二年六月江東諸郡大水民人饑饉吳郡之錢塘斗米三百宋書沈演之傳

按文獻通考元嘉十二年六月吳興大水與宋書同而乾隆志於義熙十一年後接書安帝義熙十二年六月吳郡吳興郡大水引文獻通考今按通考是年無此文又檢鄭樵通志及晉書五行志皆無之

餘杭縣高隄崩潰洪流迅激勢不可量餘杭縣劉道錫躬先吏民親執版築塘既屹立縣治獲全宋書傳

十三年九月己酉會稽西南有青龍騰躍凌雲吳興諸處并以其日同見光景宋書符瑞志

十八年秋七月吳郡鹽官獲白雀太守劉楨以獻同上

十九年夏四月戊申餘杭獲白龜以獻同上

二十年夏四月吳興郡餘杭見白龜揚州刺史始興王濬以聞同上

秋七月吳興郡後池芙蓉二花一蔕同上

二十三年吳郡鹽官縣野稻自生三十餘種同上

二十四年四月白雀產鹽官民家同上

孝武帝大明元年五月吳興郡大水人饑南史宋孝武帝紀

明帝泰始六年九月己巳八眼龜見吳興宋書符瑞志

七年春二月錢塘生連理木吳郡太守王延之以聞同上

按康熙仁和志引宋書載此事爲文帝元嘉四年誤

順帝昇明元年吳興餘杭舍亭禾蕈樹生李實禾蕈樹民閒所謂胡穎樹宋書五行志

冬十月於潛縣桃李柰實同上

二年二月於潛翼異山一夕五十二處出水漂流民居同上

齊

高帝建元元年吳興郡大水鄭樵通志災祥畧

按南齊書五行志作二年而高帝本紀作元年夾漈從本紀文也

四年吳興郡水蠲租南史齊武帝紀

按武帝紀建元四年三月即位水災即在是年乾隆志引作

永明元年

武帝永明元年八月鹽官內樂村木連理 南齊書祥瑞志

四年春二月丙寅大風吳郡偏甚樹葉皆赤 南史齊武帝紀

五年吳興水雨傷稼 南齊書五行志

七年吳郡太守江斅于錢塘縣獲蒼玉璧一枚以獻 南齊書祥瑞志

六月鹽官縣獲白雀 同上

九年鹽官石浦有海魚乘潮而來水退不得去長三十餘丈黑色無鱗未死有聲如牛土人呼爲海燕取其肉食之 南齊書五行志

秋七月錢塘獲白雀 南齊書祥瑞志

八月吳興大水乙卯蠲租 南史齊武帝紀

梁

武帝天監七年鹽官邑人宏靈度井中放光三日不止獲銅僧伽像因捨宅爲慶善寺乾隆志

中大通三年秋吳興生野稻饑者賴焉梁書武帝紀

元帝承聖元年十二月星隕吳郡乾隆志

陳

後主禎明二年臨平湖草奮塞忽然自通南史陳後主紀

按乾隆志云萬歷舊志載在元年以史考之實二年也文獻通考陳後主末年臨平湖草久塞忽然自通舊志作文帝天嘉元年不足信

隋

文帝開皇六年春二月乙酉浙大水鄭樵通志灾祥略

煬帝大業十二年五月癸巳大流星隕於吳郡爲石乾隆志

唐

高宗永徽四年杭州水唐書五行志

中宗嗣聖十二年富陽令李濬築江隄捍水患乾隆志引舊志

嗣聖十二年卽周武氏證聖元年也九年改元天册萬歲

此從綱目書唐年號

武后證聖元年六月隕霜康熙錢塘縣志

肅宗乾元元年浙江水旱重困民多疫死同上

代宗廣德元年浙西火災康熙仁和縣志

代宗大歷二年秋浙東西水災唐書五行志

按乾隆志引萬歷志作元年

十年七月杭州海溢同上 萬歷志秋七月大風海水翻潮溺州民五千家船千艘

德宗貞元六年夏浙西大旱井泉竭人暍且疫死者甚衆同上 夏浙西疫同上

八年浙西州縣大水壞廬舍漂殺人同上

順宗永貞元年秋浙江旱同上

六年夏大旱富陽縣志

憲宗元和四年秋浙西旱唐書五行志

穆宗長慶元年四月有大星墜于吳郡乾隆志 四年秋浙西旱乾隆志引舊志

敬宗寶曆元年秋浙西旱唐書五行志

文宗太和元年春浙西大疫富陽縣志

四年夏浙西大水害稼唐書五行志 十月浙西火同上

五年夏六月辛卯杭州水害稼乾隆志 唐書五行志 是年夏六月浙西大水

按乾隆志引舊志無原書可考證以唐書不爲無據

六年五月杭州八縣災疫唐書文宗紀

七年秋浙西大水害稼唐書五行志

宣宗大中五年臨安縣大旱吳越備史

六年臨安縣復旱同上

十三年大風拔樹于野同上

懿宗咸通十年兩浙疫唐書五行志

十三年四月庚子朔浙西地震文獻通考

十四年吳越有異鳥極大四目三足鳴於山林聲曰羅平萬歷志

僖宗乾符三年夏五月浙西旱同上

廣明二年秋七月己丑夜星大如杯椀交流如織至丁酉乃止吳越備史

中和三年三月浙西天鳴聲如轉磨無雲而雨是爲天泣唐書五行志

昭宗景福二年作羅城江濤勢激板築不能就築之沙漲十五里

餘功乃成吳越備史

按乾隆志引作乾甯二年

秋七月浙江水溢壞民居錢塘縣志

光化三年九月浙江溢壞民居甚衆唐書五行志

按吳越備史是年八月庚申龍鬬于浙江因過郛郭壞廬舍或吸居人浮空而去數里方墮九月八月記載之殊文獻通考作九月與唐書同

冬大雪富春江冰合旬日乃解富陽縣志

天復三年三月癸丑至乙卯浙右大雪盈丈雪氣如烟而味苦唐書五行志

按吳越備史載此事在天復二年記月日與唐書同乾隆志引備史仍作二年失書天復年號

冬十月癸酉大雪平地丈餘吳越備史

後梁

太祖開平四年秋七月杭州大火五代史

後唐

莊宗同光四年杭州大水水中生米大如豆民取食之吳越備史

明宗天成三年六月以來大旱有蝗蔽天而飛晝爲之黑庭戶衣帳悉充塞之武肅王親禱于都會堂是夕大風蝗墮浙江而死同上

四年地震壞廬舍同上

按乾隆志引作四月繫入天成三年

長興三年三月二十七日己酉夜大雪（同上）

閔帝應順元年正月大雪平地五尺（同上）

後晉

高祖天福二年二月己酉夜暴雨自西北起連日至壬子有海魚二各長五十餘丈一死于桐廬一死于餘姚（同上）

六年秋七月杭州大火（乾隆志引舊志）

按乾隆志云吳越備史亦作天福六年惟萬歷志作長興六年考長興止四年無六年

出帝開運元年九月南船務石井有物形如守宮尾長七尺許鬣

且俾獲之置于安溪潭吳越備史

四年三月庚午有雉集于玉華樓同上

七月庚子有雉升于天册堂之戟門旋歷廊廡久而獲之同上

後漢

高祖乾祐二年四月城西上清宮災同上

後周

世宗顯德二年七月庚午有虹入天長樓樓在内城之東同上

三年正月南擊場門樓火同上

五年四月吳越王錢宏俶奏十日夜杭州火焚燒府署殆盡五代史五行志 吳越備史云是年夏四月辛酉城南火延于内城王出居都城驛詰旦烟焰未息將焚鎮國倉王親帥左右至瑞石山命酒

祝之命從官伐林木以絕其勢火遂滅

按乾隆志云萬歷志誤作乾祐五年

宋

太祖建隆二年五月不雨至七月命取龍湫于天台山以祈雨吳越備史

三年秋七月壬戌大風拔樹同上

九月庚戌夜地震響如雷同上

四年冬十月甲申獲魚于江壖長九丈六尺同上

乾德二年春正月戊寅朔大雨震電同上

三年秋七月有虎于龍山凡傷數十人捕之逾旬而獲同上

開寶六年十一月二日大雪雪氣如烟同上

太宗太平興國三年八月庚申杭州淮海國王舊府功臣堂柱芝草生玉海

按是年五月吳越納土改封錢俶爲淮海國王乾隆志引玉海作國公非

淳化二年夏五月餘杭縣亢旱己卯忽雷雨震驚大風拔木瓦片悉飄人以爲龍經其地萬曆志

四年饑遣使安撫錢塘縣志

五年兩浙饑宋元通鑑

至道三年旱知泰州田錫上言杭州灾荒狀疏言今年十一月有

杭州貲牒泰州會問公事臣聞彼處米價每斗六百五十文饑餓死者不少溝渠皆是死人一僧收拾埋藏千人作一坑五十人作一窖通鑑長編

眞宗咸平元年春夏浙江旱文獻通考

二年正月己卯月入南斗魁占曰吳分饑疫明年兩浙大饑民疫死同上

閏二月杭州箭竹生米如稻時民饑採之充食宋史五行志

春浙江旱同上

景德二年兩浙饑宋史五行志

大中祥符四年六月兩浙大水宋元通鑑

五年大滌洞中出五色雲洞霄圖志

按乾隆志引大滌洞天記但云祥符中不著年分今據洞霄圖志補入六年之前

海潮衝擊州城西湖志

七年兩浙饑宋史五行志

九年三月杭州有虎入稅場巡檢俞仁祐揮戈殺之同上

天禧元年二月兩浙蝗蝻同上

三年錢塘民謝文信婦一產三男同上

五年錢塘有巨石浮于江錢塘縣志

眞宗時一日暴風江潮溢決隄仁和令俞獻卿鑿西山石作隄數

十里民甚便之萬曆志

按乾隆志云續綱目載俞獻卿於大中祥符三年九月官太常博士疏救內侍江守恩坐貶志不言日月疑在祥符以後事

仁宗天聖四年九月兩浙雨水壞民廬舍文獻通考

六年七月江浙路淫雨爲災同上

八月兩浙水宋元通鑑

景祐四年六月乙亥杭州大風雨江潮岸高六尺壞隄千餘丈宋史五行志

按此與文獻通考所紀年月同浙江通志載在明道四年誤

慶歷四年三月遣内侍兩浙祈雨同上

皇祐二年旱錢塘縣志

三年杭州饑殍殣枕路萬歷舊志

至和三年北高峯塔雷火咸淳志

嘉祐六年七月兩浙淫雨爲災宋史五行志

英宗治平元年杭州水災文獻通考

治平初杭州南新縣民家析柿木中有上天大國四字書法類顔眞卿極有筆力國字中間或字仍挑起作尖勢全是顔筆其横畫卽是横理斜畫卽是斜理其木直剖偶當天字中分而天字不破上下兩畫幷一脚横挺出半指許如木中之節以兩木合之如合

契爲沈括夢溪筆談

按宋淳化六年改昭德爲南新縣卽今新城縣

神宗熙甯元年水錢塘縣志

三年兩浙旱蝗宋元通鑑

五年二月兩浙水同上

六年春大旱井皆竭適六井畢修錢塘之民皆以飲牛馬給沐浴

蘇軾六井記

七年久旱咸淳志

八年三月鹽官縣地產物如珠可食水產菜如菌可爲菹饑民賴

之宋史五行志

按乾隆志云浙江通志誤作嘉祐八年萬歷志及舊府志並作熙寧八年而載在四月惟文獻通考與宋史同又按曲洧舊聞載此事但云熙寧末不詳年月

五月丁丑雨黃毛同上

八月兩浙旱饑同上

冬十月杭州地湧血者三最後流入河腥不可聞武林紀事

按乾隆志云錢塘縣志誤作熙寧五年

元豐六錢年塘江泛溢宋史河渠志

哲宗元祐元年秋八月杭州民俞舉慶家七世同居園木生連理宋史五行志

五年浙西水錢塘縣志

六年夏六月浙西大水杭州死者甚衆宋元通鑑

八年兩浙海風駕潮害民田宋史五行志

紹聖四年夏兩浙旱文獻通考

元符二年兩浙水患宋史五行志

徽宗崇甯元年浙西大旱西湖游覽志　浙西饑宋史五行志

三年四月兩浙水宋元通鑑　秋富陽縣飛蝗蔽野田禾俱盡富陽縣志

重和元年夏浙大水民流移溺者衆宋史五行志

按乾隆志於此事前引文獻通考云政和八年夏浙大水民流離漂溺者衆遣使賑濟考政和僅七年次年即重和元年

無八年也通考所載明是重和元年一事其誤不待詳辨故不贅錄

宣和四年鹽官海溢海甯州志方勺泊宅編宣和壬寅鹽官海溢縣南至海四十里水之所齧去邑聚纔數里邑人甚恐十一月降鐵符以鎮之

六年秋兩浙水災民多流移宋史五行志

高宗建炎二年杭州地湧血清波門內竹園山平地湧血須臾成池腥聞數里明年金人殺戮萬人卽其地也武林紀事

三年二月高宗至杭州久陰霖雨占曰陰盛下有陰謀時苗劉爲逆後伏誅宋史五行志

按文獻通考載在二年十二月乾隆志引更正與宋史同

夏五月於潛臨安二縣大水辛卯夜山水暴出壞廬田溺死甚衆萬曆志

六月寒宋史五行志乾隆志引作五月

冬十月歲星見吳分仁和縣志

紹興元年二月行都雨壞城三百八十丈文獻通考按續綱目作三百六十丈宋史五行志與通考合

六月臨安火萬曆志引宋史

浙西大疫宋史五行志

七月浙西安撫大使劉光世以枯秸生穗奏瑞高宗卻之同上

十月乙卯臨安府大火同上

紹興初行都柴垛橋旌忠廟三蛇出沒庭廡大者盈尺方鱗金色首脊有金錢遇齋或變化數百於蕉卉間廟徙而蛇孽亦絕同上

按乾隆志云錢塘縣志載在元年今從之

二年兩浙饑斗米千錢文獻通考

二月丙子臨安府大雨雹宋史五行志

按仁和縣志引作大雨雹且列入元年誤

夏五月庚辰臨安府大火亘六七里燔一萬數千家同上 宋史先是熒惑犯氐東南星占曰將相有憂人有火未幾火發仁和縣志

按仁和縣志引作紹興元年

八月臨安府火宋史高宗紀

十一月臨安大火同上

十二月甲午行都大火燔吏刑工部御史臺官府民居軍壘盡乙未旦乃熄宋林五行志

三年正月雨雹震雷同上　雨自正月朔至于二月同上

八月甲申地震同上　地生白毛韌不可斷西湖志餘　辛亥尚書省後樓屋無故自壞文獻通考

九月庚申行都闕門外民廬火燔者甚廣令戶部發廩以賑命有司修火政同上

十一月庚午臨安府火宋史高宗紀

十二月乙酉臨安府火戊子又火同上

四年正月戊寅行都火燔數千家宋史五行志

三月己未大雨雹傷稼同上高宗紀作戊午

四月霖雨至于五月浙東西郡縣壞圩田害蠶麥蔬蓏萬歷志引浙江通志

六月霪雨害稼宋史五行志

按新城志是年大有

九月久雨宋史五行志

五年正月甲申霧氣昏塞同上

三月行都雨甚傷蠶麥同上

五月大燠四十餘日草木盡槁山石灼人暍死者甚衆行都地震

閏五月乙巳朔雨雹而雪同上

八月臨安屬縣大水時洪水發天目山忽高二丈許衝擊塘岸百餘所漂沒屋廬千五百餘家流尸散入旁邑禾稼化爲腐草續綱目參於潛縣志

九月戊寅雷是月雨至明年正月十月丁巳雷十一月辛亥雨木冰十二月戊辰雨雹宋史五行志下並同

六年二月行都廛火燔千餘家

四月大雪雷震犬數十爭赴上河而死可救者才二三

五月久雨不止

六月乙巳夜臨安地震有聲自西北如雷餘杭縣爲甚

十月丙午雷

冬十二月行都大火燔萬餘家人有死者並同上

七年正月辛卯夜東北有赤氣如火宋史高宗紀　是月氛氣翳日春旱

六月旱七十餘日宋史五行志下並同

二月癸丑雨雹先一夕雷後一日雪

六月旱是歲臨安府火地震

八年三月甲寅晝晦日無光是月積雨至於四月傷蠶麥害稼

六月丙辰大雨雹並同上

七月雨水銀雨錢錢或從石罅湧出錢塘縣志

冬不雨宋史五行志

大雪雨冰數十里冰大小龜形背具卦文續月令廣義

九年二月甲戌雨雹傷麥己卯行都火宋史五行志下並同

六月旱六十餘日有事於山川

七月壬寅又火

九月甲午十月丁卯雷

十二月辛未雨雹

十年二月辛亥大雨雹並同上

八月十六日夕江上居民或聞空中語曰今年當死於橋者數百皆凶淫不孝之人其間有名而未至者當分遣促之不預此籍則斥去又聞應者甚衆民怪駭不敢言次夜跨浦橋畔人夢有來戒者云來日勿登橋橋且折旦而告其鄰數家所夢略同相與危懼

比潮將至橋上人已滿得夢者從旁伺者遇親識立于上者密勸之使下咸以爲妖妄不聽須臾潮至犇洶異常驚濤激岸橋震壞入水凡壓溺數百人既而死者盡平日不逞輩也咸淳志

按乾隆志引成化志載入八年考咸淳志係十年又宋洪邁夷堅丁志亦作十年從之西湖游覽志作八年疑即成化志所本

九月辛酉臨安火宋史高宗紀　十月行都火燔民居延及省部十二月庚辰雨雹宋史五行志下並同

十一年正月辛酉雨雹

七月旱戊申有事于嶽瀆乙卯禱雨于圜丘方澤宗社

十一月己酉雷

十二年三月旱六十餘日丙申行都又火並同上 是歲杭州疫成化志

九月甲子行都民居火經夕漸近太室而滅乙丑令有司撤火道

周廟垣二十步文獻通考

是年有二虎入城人射殺之虎亦搏人宋史五行志

十三年二月甲子雨雹傷麥五月戊午夜雹七月庚午壬申雹害

稼十一月己未雨雹同上

十二月庚寅瑞雪應時玉海

十四年正月甲子行都火宋史五行志 六月大水富陽縣志

十五年九月丙子行都火宋史五行志

十月辛卯夜雷（宋史高宗紀）十二月甲寅雷（宋史五行志）

十六年春三月臨安雨冰（萬歷志引宋史）夏行都疫（宋史五行志）

十七年正月庚辰雨雹五月丙寅又雹（宋史五行志）

冬十月己未臨安府甘露降（宋元通鑑）

十八年浙西旱（宋史五行志）

餘杭縣有牛生二犢一身（乾隆志引舊縣志）

閏月甲戌雷（宋史五行志）

按志不言何月考高宗本紀乃閏八月也

十一月壬辰肆赦天有雲赤黃太史附秦檜意奏瑞（同上）

十九年十二月於潛縣生瑞芝（玉海）

十月甲寅雷宋史五行志

二十年正月壬午行部火燔吏部文書皆盡同上

二十一年二月甲寅雨雹宋史高宗紀

三月己卯雹傷禾麥宋史五行志下並同

八月乙亥天有聲如雷響于西南四日乃止

十一月辛未夜震雷十二月癸酉雷

二十二年十二月戊寅己卯雷劉彭老家貓產數子皆三足

二十三年六月大雨壞軍壘民田並同上

浙西水文獻通考

二十四年正月戊寅地震宋史五行志下並同

四月海鹽縣海洋有巨鰍羣鰕從之聲若謳歌抵岸偃沙上猶揚
鬐撥剌其高齊縣門浙西旱
二十五年三月壬申地震
夏五月太室楹生芝九莖
二十六年夏行都疫高宗出柴胡製藥活者甚衆並同上
秋七月辛酉雨水銀宋元通鑑
十二月甲子雷宋史五行志
二十七年二月仁宗英宗兩廟室柱芝草生宋史高宗紀
九月癸未雷宋史五行志
二十八年四月辛亥雨雹同上

六月壬辰太白晝見癸巳流星晝隕宋元通鑑

八月甲寅地震宋史五行志

九月浙東西沿江郡縣大風水平江同上

二十九年春旱七十餘日同上

二月戊戌雹損麥同上

雷震于鹽官縣萬曆志

秋浙郡國旱大螟蝝仁史五行志

三十年夏久雨傷蠶麥害稼同上

五月辛卯夜臨安於潛山水暴出壞民廬田桑溺死者甚衆秋浙郡國旱同上

冬十月壬戌晝漏半無雲而雷同上

按乾隆志引宋元通鑑作癸亥

十月浙郡國螟蝝同上

三十一年正月丁丑雷丁亥夜風雷雨雪交作宋史高宗紀戊子大雨雪至己亥逾旬不止禁旅壘舍有壓者時久雪寒甚文獻通考

三月壬辰地震宋史五行志

四月久雨傷蠶麥害稼文獻通考

冬無雪宋史五行志下並同

三十二年六月浙西大霖雨郡縣山涌暴水漂民舍壞田覆舟江淮蝗飛入湖州境聲如風雨自癸巳至于七月丙申徧于畿縣餘

杭仁和錢塘皆蝗丙午蝗入京城

七月戊申地震大風拔木並同上

三十四年四月山涌暴水流民室壞田禾錢塘縣志下並同

六月大霖雨七月大蝗

紹興中耕者得金璽重二十四鈞於秦檜別業

孝宗隆興元年江浙郡國旱

三月霖雨行都壞城郭三百三十餘丈丙申夜雨雹

浙西郡國風雨傷稼

五月丙午朝霧四塞並同上

六月餘杭縣大蝗餘杭縣志

七月浙西郡國螟害穀八月飛蝗過都蔽天日害稼同上

浙西州縣大風水同上

建康民流寓行都產子二首具羽毛之形文獻通考

十月丁丑地震六月甲寅又震宋史五行志

按宋史孝宗紀十月丁丑地震與五行志合而無六月地震之文考是年七月庚寅朔六月幷無甲寅五行志十月六月倒置亦必有誤又按孝宗紀於隆興二年正月有甲寅白氣亙天是日福建諸州地震之文或以此致訛也

二年春正月臨安霪雨至夏四月猶寒仁和縣志二月丁丑雨雹及雪宋史孝宗紀

三月二十四日德壽宮康壽殿生金芝十有二莖玉海

四月庚午雹六月雨雹七月丁未雨雹宋史五行志

五月丁未蝗宋史孝宗紀 餘杭縣蝗宋史五行志下並同

六月陰雨七月浙西大水害稼八月風雨踰月

八月大風雨漂蕩田廬

按五行志原文作三年八月考隆興無三年志之訛也

十月辛卯雨雹

十二月己亥雨雪而雹

乾道元年二月行都寒敗首種損蠶麥庚寅夜雹上並同

春臨安大飢疫死殍徙者不可勝計宋史孝宗紀 夏亡麥宋史五行志

二年正月霪雨至于四月夏寒浙郡國損稼蠶麥不登同上

按新城志是年大旱

九月丙午地震自西北方

十月辛卯雨雹

三年二月壬午雪癸未雹七月己酉臨安府天目山湧暴水決臨安縣五鄉民廬二百八十餘家人多溺死並同上

按乾隆志云臨安縣志誤作隆興三年

八月淫雨妨稽浙禾麻菽粟多腐文獻通攷

秋臨安大雷震軍器所作坊兵龍澤夫婦幷小兒曰郭僧凡三人震死于一室初澤父全既死澤妹鐵師居白龜池爲娼其母但處

女家遇子受俸米則來取三斗去澤夫婦頗厭其至屢出惡言郭僧者亦相與罵侮以乞婆目之故獲此譴同時有嚴州人陳永年同其兄開銀鋪於臨安市狂游不檢母私儲金十數兩規以送終恐永年求取無度不使知一日開篋永年適自外來見之遽攫而走母恚悶仆絕兄追及爭奪僅得其半以歸母母遂病臥是夕永年亦遭震死咸淳志

九月不雨麥種不入丙午地震於西北宋史五行志

十一月丙寅雷雨不克郊戊辰日南至大震雷同上

按乾隆志引宋元通鑑作丁丑雷考宋史孝宗紀十一月戊辰雷與五行志合下連書丁丑以雷發非時詔指陳闕失則

雷不在丁丑日甚明乾隆志承其誤今正

冬溫少雪無氷宋史五行下並同

四年正月癸未夜雹有聲二月丁酉癸丑雨雹乙卯雹而雪

三月己丑雨土若塵四月陰雨彌月

六月旱帝將徹蓋親禱于太乙宫而雨八月頒皇祐祀龍法于郡

縣

五年餘杭縣民婦產子青而毛兩肉角又有一家婦產子毛角亦

如之皆連體兩面相向三家纔相去一二里並同上

按乾隆志引通考列入四年五月幷謂宋史五行志與通考

同今檢宋史實係五年又按夷堅志亦作五年

正月甲申晝霾四塞二月丙午雹損麥宋史五行志

十二月壬申太室東北垣外民舍火

六年二月壬午雹損麥

行都北關有鮎魚色黑腹下出人手於兩旁各具五指

五月連雨六十餘日大風雨寒傷稼

秋浙西螟害稼

十一月連雨辛巳郊祀雲開於圜丘百步外有澍雨並同上

十二月一日瑞雪應時玉海

七年二月壬申大風宋史孝宗紀

十一月丁亥禁垣外閽人私舍火延及民居宋史五行志

錢塘縣大饑錢塘縣志

八年夏行都民疫及秋未息宋史五行志下並同

六月壬寅大雨徹晝夜至于己酉七月壬辰雨雹九月乙酉雷

九年閏正月淫雨癸卯雷

淳熙元年秋七月壬寅癸卯錢塘大風濤決臨安府江隄一千六百六十餘丈漂民居六百三十餘家仁和縣瀕江二鄉壞田圃

十二月戊辰地震自東北方並同上

二年秋浙江旱文獻通考浙西郡縣螟宋史五行志

十一月朔旦冬至率百僚上德壽宮尊號册寶時雲物輝華宣示史館玉海庚戌麗正門内火癸丑大風宋史孝宗紀

按五行志作癸亥麗正門內東廡災

三年四月丁亥雨雹宋史五行志　五月浙積雨損禾麥六月大風連日同上

八月癸未行都大雨水壞德勝江漲北新三橋及錢塘仁和餘杭縣田同上

按乾隆志云萬歷志舊府志及錢塘志均載入元年今據宋史五行志作三年

九月久雨十月癸酉孝宗出手詔決獄援筆而風起開霽宋史五行志下並同

九月大內射殿災延入東宮門

四年二月戊戌雨土五月丙寅雨雹

按孝宗紀五月作正月

五月己亥夜錢塘江濤大溢敗臨安府隄八十餘丈庚子又敗隄百餘丈丙寅雨雹

按孝宗紀作正月

九月丁酉戊戌大風雨駕海潮敗錢塘縣隄三百餘丈

按文獻通考載五月敗隄作一百八十餘丈又云明年瀕海風濤敗隄流沒民田九月大風雨駕海濤錢塘縣敗隄溺人

据此則九月敗隄之事當在淳熙五年與宋史五行志異

五年正月庚戌大風二月壬午甲申雨土四月丁丑塵霾晝晦日

無光雨土 並同上

浙西旱 文獻通考

六年正月丁丑雹傷麥三月壬申夜大雨雹 同上

夏旱 宋元通鑑

九月連雨已巳將郊而霽 宋史五行志

十一月乙丑雨土十二月己丑霿 同上

七年正月餘杭門外牆壁有詩其言頗涉怪後廉得主名杖遣之 文獻通考

夏秋之交浙西不雨苦旱 咸淳志 宋史五行志行都自七月不雨至於九月

臨安饑 萬曆志宋史五行志浙江饑

八年正月甲戌積旱始雨文獻通考

夏四月行都大疫禁旅多死宋史五行志

按萬歷志四月丙辰臨安疫宋史孝宗紀亦係四月乾隆志引列六月下誤又按疫非止一日紀言丙辰以臨安疫分命醫官診視軍民而萬歷志遂以疫專繫此日亦誤

六月浙西大饑宋元通鑑

雨腐禾麥五月久雨敗首種同上

臨安府七月不雨至于十一月宋史五行志

秋大旱西湖志餘

九月乙亥行都火宋史五行志下並同

冬行都饑同上

十二月甲寅雨雹

九年春大亡麥行都饑於潛昌化縣人食草木

夏五月不雨至于秋七月並同上

六月乙卯飛蝗過行都遇大雨墮仁和界蘆蕩文獻通考

秋七月昌化饑昌化縣志

八月浙西又蝗萬曆志

九月壬午雷宋史五行志　浙西水時米價湧貴仁和志引宋史

十一月十一日戊寅郊祀禮成瑞雪應時玉海

乙酉進奏院火宋史孝宗紀

十二月壬寅夜地震宋史五行志

十年六月蝗遺種于浙害稼同上

秋七月旱宋元通鑑

十二月丙寅地震宋史五行志

十一年餘杭水災漂流民萬數知臨安府張杓奏免本縣舊逋餘杭縣志

正月辛卯甲寅雨土四月淫雨宋史五行志

按五行志[illegible]熙十一年四月不雨至於八月與四月淫雨之文矛盾當有一誤乾隆志僅載淫雨今仍之

秋七月浙西水米價湧貴下令禁諸州遏糴萬曆志

十二月戊辰畿縣新城深浦天雨黑水終夕（宋史五行志）

冬不雨至於明年三月

十二年仁和縣良渚有牛生二首七日而死餘杭縣有犢二首（並同上）

二月辛酉雨雹（宋史孝宗紀）

五月庚寅地震（宋史五行志下並同）

五月六月皆霖雨富陽縣水浸民廬害田稼

十一月戊子雷十二月丁丑雷

冬大雪自十二月至明年正月或雪或霰或雹或雨水冰厚尺餘連日不解

十三年行都有人死十有四日復生

正月己丑寅壬寅雨土並同上

閏月丙午雨雹宋史孝宗紀

二月庚申錢塘龍山江岸有大魚如象隨潮汐復逝宋史五行志下並同

秋八月臨安府民家有血自地中湧出濺染至屋梁汚人衣

十一月辛未鄧家巷婦産肉塊三其一直目而横口

十四年臨安府九縣饑

都城市井歌曰汝亦不來我家我亦不來汝家至紹熙二三年其事始應于兩宮

春都民禁旅大疫並同上

五月臨安旱文獻通考

大內武庫災戎器不害宋史五行志下並同

六月旱甲申昧爽孝宗將禱雨于太乙宮乘輿未駕有大聲發自

內及於和寧門人馬辟易相踐藉有失巾屨者近鼓妖也

庚寅行都寶蓮山民居火延七百餘家救焚將校有死者

臨安府浦頭婦產子生而能言四日暴長四尺

七月仁和縣蝗丙辰命臨安府捕之不爲灾己酉大雩於圜丘望

於北郊有事嶽瀆海凡山川之神時臨安等府皆旱至九月乃雨並同上

十一月乙卯雷宋史孝宗紀

十五年二月丁亥雨雪而雹六月丁卯雨雹宋史五行志

九月庚子夜南方有赤黃氣覆大內宋元通鑑

十六年二月巳卯雹而雨五月浙西霖雨宋史五行志下並同

六月行都錢塘門旦啟黑風入揚沙石

甲辰錢塘傍江居民得魚備五色鯽首鯉身詭言夢得魚覺而有魚在手猶躍事聞有司令縱之

七月乙丑大雷震太室齋殿東鴟吻並同上

冬錢塘宣義郎萬延之家缶水凝冰如桃花一枝明日又成雙頭牡丹次日又作寒林值萬壽誕辰缶水凝冰爲山石上坐一老人如壽星西湖志餘參宋稗類抄

光宗紹熙元年□月己巳臨安火至于庚午大火通夕閭閻焚者大半仁和縣志引綱目二月丁酉雨雹宋史光宗紀

春大疫久陰連雨至于三月宋史五行志二月丁酉雨雹宋史光宗紀

臨安府民家貓生子一首八足二尾文獻通考

三月癸酉行都市人夜以殺相驚奔避者久乃定宋史五行志下並同

按萬歷舊志癸酉作癸巳

是月留寒至立夏不退

九月辛酉雷

十一月壬午日南至郊祀風雨大至並同上

十二月鹽官饑海寧志

里巷婦人以琉璃爲首飾後連年有流徙之厄宋史五行志下並同

按萬歷舊志此節載于二年今從宋史

二年正月行都大雪積沍河冰厚尺餘寒甚是春雷雪相繼凍雨彌月

戊寅大雨雹震雷電以雨至二月庚辰大雪連數日

三月癸酉大風雨雹大如桃李實平地盈尺壞廬舍五千餘家禾麻蔬果皆損

四月行都傳法寺火延及民廬言者以戚里土木爲孽火數起之應

八月行都久雨並同上

饑斗米千錢富陽志

十一月壬申合祭天地于圜丘大風雨黃壇燭盡滅不成禮而罷宋史光宗紀

三年正月己巳行都火通夕至于庚午闤闠焚者大半宋史五行志

十一月臨安火燔民居五百餘家同上

都城市井有取程頤語錄雜以穢褻盛行于市朝廷知而禁之後三年僞學之禍作文獻通考

四年夏臨安大霖雨自四月至於五月浙西郡縣壞圩田害蠶麥蔬稑宋史五行志

按乾隆志作紹興四年今据宋史五行志正

六月甲子雨雹宋史光宗紀

江浙自六月不雨至於八月宋史五行志

秋富陽縣粟生來禽實同上

七月丙寅大雨雹宋史光宗紀

十月乙未天有赤黄色占曰天變文獻通考

甲寅雨土宋史五行志

十一月乙卯日南至辛巳雷宋史五行志

癸酉地生毛占兵起民不安後一年韓侂胄用事卒有開邊毒民之禍文獻通考

五年春浙西自去冬不雨至於夏秋宋史五行志

四月癸卯雨土同上

六月丙子大風同上

七月乙亥行都大風拔木壞舟甚衆同上

八月辛巳錢塘臨安新城富陽於潛縣大雨水餘杭縣尤甚漂沒田廬死者無算同上

九月雨至於十月癸巳大雨三晝夜不止同上

十月癸巳大雷電戊戌行都大風拔木同上

按萬歷志引册府元龜十月乙亥行都大風拔木壞舟甚衆至戊戌又大風木盡拔考宋史五行志乙亥繫於七月今從宋史正

十一月辛亥雨水冰同上 是日又雨土文獻通考

十二月臨安府南高峯山忽自摧折同上

地湧血錢塘縣志

冬亡麥苗行都饑宋史五行志

杭州府志卷八十二

杭州府志卷八十二終

祥異二

宋

甯宗慶元元年正月霖雨甲辰蔬食露禱丙午霽二月又雨至於三月傷麥宋史五行志

二月己卯天雨塵土同上

春淮浙流民多聚於行都文獻通考

三月臨安大疫宋史甯宗紀

五月霖雨臨安府水宋史五行志下並同

秋七月螟

十一月己丑天雨塵土

二年正月戊子雷

五月不雨行都疫

八月行都霖雨五十餘日並同上

十月二十夜三更後月出時臨安嘉興郡人未寢者皆見其圓如望夕太史奏爲上瑞其地當十年大稔劉質近異錄

十一月雷宋史五行志下並同

三年正月丙子天雨塵土

二月戊辰雪己巳雹

三月行都疫

四月丙午天雨塵土乙丑雨雹大如杯破瓦殺燕爵

秋富陽鹽官縣皆螟

七月雨連月並同上

十月癸酉雷宋史甯宗紀

按宋史五行志作癸亥

十二月甲申天雨塵土宋史五行志

四年秋浙西洊饑道多殣同上

八月久雨同上

五年五月行都雨壞城夜壓附城民廬多死者文獻通考

夏臨安府多疾疫宋元通鑑

六月盜竊太廟金器同上

六月浙西霖雨至於八月宋史五行志下並同

八月太室西北夾室楹生白芝四葉前史以爲喪祥

六年正月巳巳雨土

三月甲子大風拔木

四月旱五月辛未禱於郊丘宗社

五月亡暑氣懍如秋

九月辛丑天雨塵土同上 巳未雷宋史孝宗紀

十月巳丑雨土宋史五行志

十一月甲子地震東北方同上

辛卯天雨塵土同上

按宋史五行志原文云慶元六年正月己巳閏月丁未十月己丑雨土九月辛丑十一月辛卯天雨塵土九十月倒置中間書雨土二字文氣已隔疑九月上失書紀年非六年一歲中事也乾隆志列九月於十月之前未知何據又正月己巳甯宗紀作二月十一月辛卯甯宗紀作十二月亦與五行志不同

冬十二月臨安無雪桃李華蟄蟲不藏文獻通考

嘉泰元年浙西郡國薦饑文獻通考

二月辛丑雨土宋元通鑑

三月丙庚雨雪而雹戊辰己巳連雨雹宋史甯宗紀

戊寅行都大火至於四月辛巳燔御史臺司農寺將作軍器監進奏文思御輦院太史局軍頭皇城司法物庫御廚班直諸軍壘及民居五萬八千九十七家城內外亙十餘里灼死之可知者五十有九人而踐死者不可計都城九燬其七百官皆僦舟以居火作于寶蓮山御史臺胥楊浩家宋史五行志參文獻通考

按乾隆志於嘉定元年正月引錢塘縣志書臨安大火先於是年引通考三月戊庚行都大火云云考萬歷志引續綱目云火凡四日焚御史臺等官舍十餘所民舍五萬八千九十七家城內外亙十餘里死者甚衆城中廬舍十燬其七百官

多僦舟以居亦書於嘉泰元年之春繇繹其敘事之文所云火凡四日者即宋史五行志三月戊寅至四月辛巳也所云焚御史臺等官舍十餘所五行志燔御史臺以至諸軍壘也所云民舍五萬八千九十七家城內外亙十餘里百官僦舟以居則與五行志一字不易豈有事隔八年（自嘉泰元年至嘉定元年計八年）前後火災事出一律者乎其爲嘉泰嘉定之相訛無疑萬歷志兩引之而不察乾隆志所引錢塘縣志蓋据續綱目之文而書其大略顧宋史五行志並無嘉定元年正月臨安大火之文今從宋史參以通考年月列入嘉泰元年而於嘉定元年所書者刪之

夏五月丁丑雨雹宋史五行志

浙西郡縣大旱文獻通考

六月己卯天雨塵土宋史五行志下並同

七月癸亥大雨而雹

九月己未十二月辛丑天雨塵土

是歲浙江大蝗

春旱至於夏秋浙西爲甚七月庚午大雩於圜丘祈於宗社

四月庚寅雨雹傷稼

六月己卯臨安火庚子大雨雹而寒並同上

秋七月臨安野蠶成繭萬歷志引宋史

十一月秘書省右文殿楹生芝二莖文獻通考
三年正月雷宋史五行志　春久雨宋元通鑑
夏臨安大旱西湖之魚皆浮食者輒病謂之魚瘟武林紀事
五月行都疫八月久雨宋史五行志
十月丁未暴風十一月癸未大風同上
四年正月乙亥大風辛卯雷壬辰雪而雷同上
三月丁卯臨安大火自劉嘉家起延糧料院右丞相府尚書省樞密院制敕院檢正房左右司諫院尚書六部工部侍郎廳萬松嶺濟平山仁王寺石佛菴樞密院親兵營修內司學士院內酒庫門廊屋殿及內中宮官兵救撲許以重賞太廟神主册寶法物皆移

萬壽慈宮是夕百官之家盡去都亭避火五日和甯門鴟吻上火
忽延禁卒張隆用飛梯騰屋擊鴟吻碎之煙乃滅六日賜諸軍犒
賞仍賑恤被爇三千七十餘家奉神主還太廟咸淳志
按錢塘縣志作開禧四年誤開禧無四年也宋史五行志亦
繫嘉泰四年
四月丙申臨安府梵天寺災宋史五行志下並同
五月不雨至於七月浙西郡國皆旱
開禧元年正月壬午雨蘊
按乾隆志引作壬子誤考甯宗紀是月癸酉朔無壬子
四月乙卯大風夏浙東西不雨百餘日同上　六月壬寅天鳴有聲並同

上

按乾隆志引作八月今正

秋八月臨安大風仁和縣志

九月庚戌大風宋史五行志

十月行都淫雨至於明年春同上

按乾隆志嘉泰三年引文獻通考云十月行都淫雨至於明年春三月考宋史五行志僅於開禧元年有此文故仍錄於此而嘉泰三年從芟

二年正月己酉雹而雷春淫雨至於三月同上

二月癸丑壽慈宮災四月壬子行都火燔民居數百家同上

夏四月行都大疫仁和縣志引宋史

六月飛蝗入臨安仁和志引輟耕錄

九月雷同上

臨安大饑仁和縣志

三年二月不雨同上

江浙郡縣水同上

按乾隆志書夏四月錢塘大水浸壞民舍皆圮係引武林紀事之文又言舊志載入開禧元年今据文獻通考改正云云考是年通考僅書江浙郡縣水與宋史五行志相合至嘉定三年始載有四月行都水浸民廬西湖溢

瀕湖民舍皆圮之文武林紀事全襲其文惟以行都更爲錢塘其實嘉定三年事非開禧三年也厥後西湖誌餘復沿武林紀事之誤繫於是年皆不足信今据史文仍詳述諸書所載以資考證又錢塘縣志列入開禧四年亦誤開禧無四年也

又按五行志四言二月不雨五月己丑禱於郊丘宗社五行志一下言夏秋久旱則春夏秋三時皆旱矣而此文乃言江浙淮郡縣水鄂州漢陽軍尤甚疑此浙字係衍文蓋是年浙江旱而江淮水也

夏秋久旱大蝗羣飛蔽天浙西豆粟皆旣于蝗仁和縣志

十月辛未癸酉雷同上

嘉定元年春燠如夏浙民疫行都饑斗米千錢同上

正月臨安大火錢塘縣志下同

夏旱五月浙江大蝗

九月乙丑大風閏月壬申雨雹害稼

二年浙西諸縣大蝗

二月戊子大風三月乙未雨雹並同上

按宋元通鑑乙未作丙申

夏都民疫死甚衆錢塘縣志下並同

四月旱首種不入庚申禱於宗社郊丘六月又禱至於七月乃雨

六月辛未飛蝗入畿縣

己卯故循王張浚家火後旬日市井訛言相驚絳衣婦人爲火殃

下墜都民徙避晝夜弗甯禁之後亦不火

九月戊子雷

冬行都大饑殍者橫市道多棄兒

三年正月雷丙午天雨塵土春陰雨六十餘日

夏四月都民多疫死甲子新城縣大水

五月淫雨至於六月首種多敗蠶麥不登（並同上）

富陽餘杭鹽官新城大雨水溺死者衆圮田廬市郭首種皆腐行

都大水浸廬舍五千三百禁旅壘舍之在城外者半沒西湖溢（宋史）

按乾隆志引舊志云三月臨安大水浸行都廬舍五千三百閒西湖溢考宋史五行志係五月閒事而叙述略同實一事也今從宋史列入五月下又文獻通考作四月行都水浸民廬西湖溢瀕湖民居皆圮事與史合而書月亦不同蓋自四月甲子新城大水之後至於六月淫雨不止也

八月臨安府蝗宋史甯宗紀

按乾隆志引武林紀事作七月考宋史五行志是年臨安府蝗不書月甯宗紀書八月非七月也仁和志載入夏四月亦無据

癸酉大風拔木折禾穗墮果實甯宗露禱至於丙子乃息 宋史五行志

按乾隆志云萬歷志誤作開禧二年

冬十月壬申雷 宋史甯宗紀

按五行志同下又言八月辛丑九月辛酉雷八月上失書年

四年二月都民多疫 宋史五行志

春三月臨安大火焚省部等官舍延及太廟遷神主於壽慈宮三日火息乃還太廟省部皆寓治驛寺燔民居二千七百餘家 乾隆志引續綱目

按乾隆志引萬歷舊志蓋本續綱目所書也考嘉泰四年三月大火宋史咸淳志皆云災及太廟遷神主於壽慈宮而續

綱目於是年之火亦云遷神主於壽慈宮與嘉泰四年事適同考開禧二年壽慈宮災至是復建年月未見於史續綱目所書恐未足信姑仍舊志原文誌以存疑

又按乾隆志於是年引浙江通志云四月丙申臨安府梵天寺火考通志實引宋史五行志五行志原文乃嘉泰四年非嘉定四年也乾隆志仍通志之誤今據宋史改錄於嘉泰四年而此不復載

八月霖雨至於九月宋史五行志

九月雷閏月丁未大風同上

五年春淫雨至於三月傷蠶麥同上

埽帚隝山閒有紫氣如蓋咸淳志

秋七月戊辰雷雨震太室鴟吻十月丁酉雷宋史五行志下並同

十一月雨雪積陰至於明年春

六年春淫雨至於二月丁亥雨雪集霰

四月行都地震同上 夏江浙郡縣多雨害稼並同上

五月旱宋史甯宗紀 六月亡暑夜寒浙西雨至於七月宋史五行志

丁亥於潛縣大水戊子錢塘臨安餘杭諸縣皆水同上

按五行志旱類書五月不雨至於七月與雨類所紀相悖蓋旱止五月未嘗至於七月也甯宗紀亦言是歲兩浙諸州大水是前旱而後水矣至於七月四字衍文

閏九月壬辰雷震電乙未昧爽洊雷同上

按五行志但書閏月考甯宗紀乃閏九月也壬辰紀作癸巳

冬燠而雷無冰蟲不蟄同上

七年夏旱禱雨宋元通鑑六月浙西郡縣蝗文獻通考

九月癸亥雷陰雨至於十月害禾麥宋史五行志

八年浙西饑王氏續通考

二月己未天雨塵土宋史五行志

春旱首種不入四月乙未禱於太乙宮庚子命輔臣分禱郊丘宗社五月庚申大雩於圜丘有事於嶽瀆海至於八月乃雨同上

四月乙卯飛蝗入畿縣自夏徂秋饑民競捕官出粟易之同上

按乾隆志云續綱目及萬歷志舊府志並作七年四月浙江通志載七年六月文獻通考載八年四月惟宋史五行志及續通考兩年分見今從之

五月辛未天雨壓土宋史五行志下並同

大燠草木枯槁百泉皆竭行都斛水百錢暍死者衆

九月丙寅雷

九年四月六月大雨往二十餘日浙西郡縣爲災尤甚同上參文獻通考

五月行都大水漂田廬害稼行都饑閭巷有殍宋史五行志

冬無雪十二月癸巳天雨土宋史五行志下並同

按金史是年閏七月壬午朔据此推之則十二月無癸巳十

年二月亦無癸巳有之則二月不得復有庚申史誤顯然以

十年四月丁未朔推之益信

十年正月乙未晝𣈆大風拔木

二月癸巳日無光雨土庚申地震自東南

三月連雨至于四月

七月不雨甯宗日午曝立禱於宮中

十月霖雨害稼冬浙江濤溢圮廬舍覆舟溺死甚衆

十一月丁丑大風

是年都城市井作歌詞末句皆曰東君去後花無主朝廷惡而禁

之未幾太子詢薨並同上

按太子詢薨于嘉定十三年

十一年二月行都火燔民居數百家王氏續通考

二月甲寅大風宋史五行志

安仁村產瑞麥一穗兩歧富陽縣志

浙亡麥苗宋史五行志

六月浙西大霖雨文獻通考

秋不雨至於冬宋史五行志下同

九月己巳萬松嶺民舍火燔四百八十餘家

辛巳祀明堂肆赦震雷

十月戊午大風並同上

十二年杭州大饑閭巷有殍王氏續通考

鹽官海失故道潮汐衝平野二十餘里至是侵縣治宋史五行志下同

二月癸巳天雨塵土五月地震六月霖雨彌月

十三年二月辛卯天雨塵土

十一月庚戌大風壬子大風行都火燔城內外數萬家禁壘百二十區

按乾隆志引舊志云冬十一月壬子臨安大火考文獻通考云嘉定十二年十一月壬子行都火燔城內民廬數萬家禁壘百二十區賑軍民緡粟令臨安府帥臣安集焚徙者且弛材葦之征以十三年作十二年與宋史異王氏續通考亦作

十二年記文悉同僅減壬子二字又于十三年書十一月臨

安大火不知何据今以宋史爲斷

十二月戊午大風冬無冰雪越歲春暴燠土燥泉竭並同上

十四年兩浙旱王氏續通考

正月乙未夜地震大雷宋史五行志

六月辛巳大風冬十月庚午雷宋史五行志

十五年有海鰌長十餘丈閣浙江沙上癸辛雜誌

五月不雨宋史五行志

七月浙西霖雨爲災文獻通考

九月癸丑大震雨雹宋史五行志

十六年行都無麥禾 文獻通考

二月戊子天雨塵土 宋史五行志

五月霖雨浙西尤甚 文獻通考 餘杭錢塘仁和三縣大水 武林紀事

秋江濤溢圮沿江民廬餘杭錢塘仁和大水壞田稼 宋史五行志 參文獻通考

秋雨雹 宋史五行志 八月大風雨害稼 文獻通考

九月乙卯雷 宋史甯宗紀 十二月壬辰雷 宋史五行志

十七年春餘杭錢塘仁和三縣饑 文獻通考

二月癸丑雷 宋史甯宗紀

海壞錢縣鹽官地數十里先是有巨魚橫海岸民臠食之海患共六年而平 宋史五行志

八月霖雨九月丁亥雷同上

理宗寶慶元年四月辛卯雪八月己酉地震同上

二年三月久雨四月八月八月皆然王氏續通考

七月戊辰雷雨雹晝晦大風宋史理宗紀

九月庚申雷辛丑又雷宋史理宗紀

按五行志作十月辛丑雷

三年七月久雨命臨安守臣禱於天竺山王氏續通考

紹定元年三月行都火燔六百餘家宋史五行志

五月丁酉雨雹同上

六月己酉流星晝隕宋史理宗紀

十一月庚辰雷宋元通鑑

二年九月庚辰雷宋史五行志

三年三月丁酉雨土同上

五月霖雨四十日浙西之田盡沒無遺幸而不沒者則大風駕湖水而来田廬頃刻殆盡癸辛雜識杭民渡太湖揚子江就食江北無數餘皆溺死仁和縣志

四年三月初六日乾隆志引作三日甲辰黄霧四塞天雨塵土入人口鼻皆辛酸几案如篩灰相去丈餘不可相覩日輪無光凡兩日夜是夜二鼓望仙橋東牛羊司前居民家失火數路延燒至初七日愈熾塵土益盛所燒逾萬家至午刻方息癸辛雜識

按此事宋史理宗紀五行志皆不載

秋九月丙戌夜行都火延太廟三省六部御史臺秘書監玉牒所惟丞相史彌遠府獨存咸淳志殿師馮榯匱九廟不顧而救史彌遠府洪舜俞作詩譏之

按此見理宗紀而五行志亦不載

十二月二十二三日有大海鰍死于浙江亭之沙上於是鬨傳將有火災二十四日夜火作於天井巷回回大師家行省開元宮盡燬凡數千家癸辛雜志

按此亦不見于宋史紀志

五年春二月甲子朔初更有大星如五斗米栲栳自東而西紅光燭地有聲殷殷若雷墜於宗陽宮同上

七月甲辰雨雹王氏續通考

九月壬寅雷雨雹宋史五行志

按宋元通鑑作乙巳

六年三月壬子雨雪丙辰大雨雹同上

端平二年三月乙未雨雪同上　五月乙未雹同上

六月庚辰流星晝隕如雨宋元通鑑

十二月辛亥雷宋史五行志

三年六月庚戌雨雹七月甲申天雨血同上

按王氏續通考書七月雨雹誤

九月庚午雷明日祀明堂大雨震電同上

按志作是月祀明堂據理宗紀辛未祀明堂則是月當作明日

十月戊戌雷同上

小麥嶺有虎患擒二虎成化志

嘉熙元年二月壬辰雨雹宋史五行志

六月臨安府火燔三萬家同上

按乾隆志云宋元通鑑及萬歷志仁和錢塘志俱云五月臨安大火自巳至酉燒民廬五十三萬今按理宗紀亦云五月壬申京城大火王氏續通考亦作五月則五行志作六月誤也廣福廟志云杭城大火自薦橋至鹽橋

九月丁巳雨（同上）

二年四月己酉雨土（宋史理宗鑑）

按乾隆志引五行志作甲申考是年四月無甲申

秋七月霖雨不止烈風大作（同上）

按五行志言是年浙江溢當在此時又言風雹不知在何時

附記于此

九月己酉十月庚戌雷（宋史五行志）

三年臨安饑（萬歷志）

三月辛卯天雨塵土（宋史五行志）

按乾隆志引作辛未

癸巳雨雹（王氏續通考）

四月旱壬寅祈雨（宋史理宗紀參五行志）

六月庚戌雨雹（宋史五行志）

七月海潮大溢（趙與懽英衛閣記）

按趙記本作六月考宋史理宗紀八月戊戌朔以浙江潮患告天地宗廟社稷据此則海潮大溢當在七月

四年臨安大饑（宋史五行志　王氏續通考嘉熙四年正月臨安大饑羣食子路市中殺人以賣盜于隱處掠賣人以徼利日未晡路無行人）

六月大旱蝗（宋史理宗紀）　西湖涸爲平地茂草生焉（楊瑀山居新語）

十二月丙辰地震（宋史五行志）

淳祐元年六月螟宋史理宗紀

七月壬辰祈雨同上

十二月丙寅雷庚辰夜地震宋史五行志

二年夏四月壬申雨雹同上

六月積雨浙右大水宋史理宗紀

九月己丑雷同上

十一月己亥日南至雷電交作同上

三年三月丙辰雷宋史五行志

四年鹽官大饑海甯縣志

四月乙未祈雨七月己亥朔祈雨九月乙丑雷丁卯雷宋史理宗紀

五年正月己酉雷宋史理宗紀

二月丙寅朔雨土同上

六月甲申祈雨同上

六年六月旱祈雨宋元通鑑

七年杭州大旱運河乾涸西湖志餘仇遠金淵集紀事詩云六十年前曾記得步行一直過西湖自注淳祐丁未旱予始生考丁未爲淳祐七年西湖可以步行不獨運河乾涸矣

五月祈雨詔求直言弭旱宋史理宗紀

八年二月壬辰雨雹宋史五行志

按乾隆志引宋元通鑑本理宗紀作癸巳

三月乙丑雨雹同上

九月辛酉祀明堂雷宋史理宗紀

九年九月乙丑雨雹同上

十年二月乙卯雨土同上

十一月壬午雷同上十二月丁巳虹見同上

十一年五月乙亥天雨塵宋史五行志

按理宗紀作三月

是年江浙水同上

十二年五月甲申朔祈雨宋史理宗紀

十一月丙申臨安大火至丁酉夜始熄宋史五行志

按乾隆志引續通考文同今檢續通考但云臨安大火不如

宋史五行志之詳

十二月丁丑雷同上

寶祐元年六月祈雨宋史理宗紀

二年三月戊子雨雪宋史五行志

十二月癸未雷宋史理宗紀

三年春正月迅雷罷元夕張燈宋元通鑑

三月己未雨雹宋史五行志

五月久雨浙西大水宋史理宗紀下並同

九月甲午朔雷

五年正月乙巳雷

閏四月祈雨五月庚申雨六月丁酉祈雨七月丙辰祈雨戊午雨

八月丙申京城火

十月癸巳雷

六年正月戊寅雷並同上

二月壬辰天雨塵土宋史五行志

三月辛亥朔祈雨宋史理宗紀自冬徂春天久不雨四月甲申大雨同上

開慶元年三月辛酉雨土宋史五行志

五月辛亥雨雹同上十月乙酉雷同上

景定元年二月庚申雨雹同上

三月白氣如匹練亙天宋元通鑑

二年六月霖雨近畿水災宋史理宗紀

丙午雨雹宋史五行志

錢塘火災延燒居民惟吳山一老翁家獨全平時樂施火起之夕以老憊不能去遣兒婦亟走兒婦不忍捨同處烈焰之中全家昏然熟寐至于葡萄架亦不焚善積于平日孝感于一時爲神物護持如此西湖志

按田汝成西湖志餘云嘉泰元年辛酉之火烈焰滿城而吳山上一老翁家獨存云云其事與此同西湖志本咸湻志書爲景定二年其歲均在辛酉未知孰是又按五行志此兩年皆不書火災

十月戊戌雷己亥雷雹宋史五行志

三年春臨安屬邑水宋史理宗紀

二月臨安饑宋元通鑑

五月丙寅雨雹宋史理宗紀

八月浙西螟宋史五行志

四年六月壬子祈雨乙卯京城火宋史理宗紀

九月昌化縣嘉禾嘉粟生守臣吳革繪圖以獻咸淳志

鳳凰馬燧諸山產瑞麥瑞粟咸淳志

按乾隆志引此誤次于景定元年之下復於四年引昌化縣志云昌化縣鳳凰馬燧諸山產瑞麥瑞粟其實一事也今移

咸淳志所載於此而昌化縣志之文從芟

五年二月辛未雨土宋史五行志　六月戊午祈雨宋史理宗紀　七月甲戌京城大火同上

丙申祈雨同上

度宗咸淳元年閏五月久雨宋史度宗紀

二年七月壬辰祈雨同上

按乾隆志引錢塘志書秋八月霖雨考宋史度宗紀三年八月久雨而二年不書五行志亦無此文錢塘志當襲萬歷志三年之文而訛作二年也今据宋史正

三年八月久雨同上

十月甲戌大雷雹同上

四年閏正月丁巳大風雷雨居民屋瓦皆動宋史五行志

九月庚申雷同上

五年七月庚申祈雨九月丙午祈晴宋史度宗紀

六年七月豐儲倉前池忽有風起水立如壁浮萍上屋蕩突久之或云池有大黿數百年此其所爲也倉官黃恮目擊其狀扣之土人云池乃吳慶忌磨劍處時有物浮水上若鐵楯然咸淳志

按乾隆志引西湖遊覽志慶忌塔池水壁立今据咸淳志爲詳

七年春二月饑宋元通鑑

北高峯塔燬咸淳志

宗陽宮毓瑞殿右楹生芝同上

八年冬十月臨安水溢武林紀事

九年江南平地產白毛臨安尤多宋史五行志　錢塘遺事白毛如銀線可採以相餽但挺直耳　或謂此白眚白祥之類也

臨安地生白毛長四五寸瑩若銀鏤焚之臭類羊毛西湖志

十月癸亥雷十二月丙辰壬戌雷宋史五行志

十年春正月乙巳臨安雨土萬曆志

八月癸丑大霖雨天目山崩水涌流臨安餘杭民溺死者無算宋史瀛國公紀

按宋史五行志載天目山崩失書月別有八月臨安府水之文與宋元通鑑合王氏續通考列此事於咸湻元年誤

冬十二月庚午錢塘江潮失期不至萬志　宋史瀛國公紀庚午度宗梓宮發引至浙江上沙漲渡絕江潮失期日晡不至

帝㬎德祐元年三月辛巳終日黃沙蔽天宋史五行志　庚寅雨土宋史瀛國公紀

六月庚子朔日有食之既天地晦冥咫尺不辨人雞鶩歸棲自巳至申其明始復宋史五行志　是日四城遷徙流民患疫而死者不可勝計天甯寺死者尤多同上

十月癸卯玉牒殿災宋史瀛國公紀

二年二月壬寅元軍軍錢塘江沙上潮三日不至同上時元人分駐江沙上杭人方幸之而潮汐不至王氏續文獻通考萬歷志二年二月壬寅錢塘江潮三日不

至并引宋史元將伯顔遣人入臨安駐兵錢塘江沙上太皇太后望祝曰海若有靈當使波濤大作一洗而空之潮竟三日不至陶宗儀輟耕錄云范文虎安營浙江沙滸太皇太后望祝云云潮汐三日不至軍馬晏然文虎安慶守臣降於伐者

按乾隆志引萬歷志失書二年王氏續通考失書日

閏三月數日間城中疫氣薰蒸人之病死者不可以數計宋史五行志

元

世祖至元十四年六月十二日杭州颶風大雨潮入城堂奥可通舟楫王氏續通考

二十三年六月杭州平江二路水壞民田一萬七千二百頃元史五行

按乾隆志載二十三年杭州大火引萬歷舊志及考萬歷志係引元史復徧稽元史五行志及世祖本紀是年並無杭州大火之文蓋大火實大水之訛否則萬歷志豈能憑虛意造以誣元史乎又按萬歷志至元二十五年正月杭州大水而乾隆志引乃作大火益信大水訛作大火尤異者二十五年之書大火其訛始於乾隆志而二十三年大火之訛則自萬歷志已然乾隆志襲其訛仍引元史五行志大水之文并載之遂至訛而又訛賴有元史可證於是明萬歷以來數百年之誤一旦了然

二十四年浙西諸路水元史世祖紀

按乾隆志引五行志二十三年六月之水不復攷及本紀二十四年之水遂以錢塘縣志載入二十四年爲疑似兩年幷爲一事矣不知錢塘縣志所引明著世祖本紀史臣著錄一事不兩書此其恆例且攷本紀二十五年有杭蘇二州連歲大水之文其爲指二十三年二十四年而言更無疑義又王氏續文獻通考載是年十一月庚子浙西路水此卽本紀所載浙西諸路水之證本紀失書月日通考詳之非兩次大水也

二十五年三月浙西大水杭州壞田稼王氏續通考

按世祖本紀二十五年正月杭蘇二州連歲大水振其尤貧者此記振非記災也所謂連歲者指二十三四兩年而以是年正月振災非謂災在正月也萬歷志引元史云正月杭州大水不繹本紀振災之誼而遽指爲正月大水誤矣乾隆志引復訛作大火尤誤至續通考所載三月之大水則信爲二十五年之災故志之

冬十月二十四日丙子夜地大震始如暴風駕海潮之聲自西南來雞犬皆鳴窗戶礫礫有聲屋瓦皆搖癸辛雜識

十一月初九日庚寅又震同上

按乾隆志引前後互歧今據周氏雜識原文更正

二十八年杭州饑元史五行志

按萬曆志書二月杭州饑據世祖紀振灾之月言也今不書月從五行志文考世祖紀自二月至五月皆有振饑弛禁免租之文則不僅在二月矣

二十九年六月兩浙水宋元通鑑

按元史五行志嘉湖紹興皆水不及杭州

成宗元貞二年夏四月杭州火燔七百七十家元史五行志

十二月海寧縣水同上

大德元年海塘崩乾隆志引舊志

按元明間舊志洪武永樂景泰三志闕如而成化萬曆諸志

俱不載此事徧考元史志紀亦無之乾隆志所引不知何據

今姑錄之以存疑

二年四月浙江蝗元史五行志

六月浙江水王氏續通考

按乾隆志引錢塘縣志作杭州水惟不書月茲以續通考爲據

三年秋七月杭州饑萬歷志

冬一十月己亥杭州火元史成宗紀

鹽官州塘岸崩都省委禮部郎中游中順洎本官相視虛沙復漲難於施力元史河渠志

按乾隆志引作五行志非

四年三月二十九日夜二更杭州火焚壽安坊至四月一日寅卯止方回桐江續集

五年七月浙西積雨汎溢大傷民田元史成宗紀

六年六月杭州饑元史五行志

按王氏續通考作五月

七年六月浙西饑同上

按乾隆志引宋元通鑑作七月兩浙大饑王氏續通考作二月

八年五月杭州火燔四百家同上

秋八月杭州火萬曆志

九年八月鹽官州蝗元史五行志

十一年七月江浙水民饑元史武宗紀

按乾隆志引元史五行志云秋九月杭州饑詔以酒糜米麥二千八百石振卹考武宗紀書此事五行志不載乾隆志誤引又二千八百石武宗紀作二十八萬石此亦誤引又武宗紀但云杭州一郡歲以酒糜米麥二十八萬石禁之便事在九月而上文七月江浙水民饑詔振糧三月非九月始饑亦非九月始議振也今並訂正

十月杭州水民饑同上

十一月杭州等處大饑同上

按萬歷志於武宗至大元年書十一月杭州平江等處大饑發糧五十萬一千二百石振之所引元史即武宗本紀也考武宗以大德十一年五月即位詔次年改元至大元年而所書杭州等處振饑之十一月尚在大德十一年非至大元年也萬歷志既誤入於至大元年乾隆志仍其誤復不考其原文出於本紀而漫以五行志當之今校正

武宗至大元年春正月浙西饑王氏續通考

按武宗本紀云至大元年十一月以杭州等路比歲饑饉今年酒課免十分之三蓋以十一月免酒課非十一月始饑故

曰此歲饑饉也考大德十一年八月書饑十月十一月連書饑是年又饑此即比歲之證乾隆志引五行志作十一月承本紀之文而致訛也今據續通考正

四年十二月浙西水災元史仁宗紀

仁宗延祐元年秋九月杭州路水同上

按王氏續通考作八月五行志與本紀同

六年七年間鹽官州海汛失度累壞民居陷地三十餘里元史河渠志

按河渠志云己未庚申間係延祐六七年也乾隆志入延祐元年引五行志並無此文又海甯州志仍乾隆志之訛亦作元年皆失考

英宗至治二年十二月乙酉杭州火元史英宗紀

按元史五行志九月臨安河西縣饑乃在雲南省臨安路之河西縣非杭州路之臨安縣也舊稿誤錄今刪之

三年十二月二十三日杭州大火劉岳申申齋集

泰定帝泰定元年五月杭州水民饑元史泰定帝紀

八月杭州饑元史五行志

十二月杭州鹽官州海水大溢壞隄塹侵城郭有司以石囤木櫃捍之不止元史五行志

二年海決衝隄海甯州志

四月杭州饑元史五行志

按續通考作正月

五月浙西諸郡霖雨江湖水溢元史泰定帝紀

十一月杭州路火同上

三年八月杭州火燔四百七十餘家元史五行志

鹽官州大風海溢捍海隄崩廣三十餘里袤二十里徙居民千二百五十家以避之同上

四年春二月間風潮大作衝捍海小塘壞州郭四里元史河渠志

按五行志作正月鹽官州潮水大溢捍海隄崩二千餘步泰定帝紀亦作正月

四月癸未鹽官州海水溢浸地十九里命都水少監張仲仁及行

省官發工匠二萬餘人以竹落木柵實石塞之不止元史泰定帝紀

八月杭州屬縣水同上

十二月杭州火燔六百七十家元史五行志

致和元年三月鹽官州海隄崩

四月鹽官州海溢同上

文宗天歷元年鹽官州海溢元史食貨志

八月杭州等九郡水沒民田元史五行志

十一月杭州火元史文宗紀

二年四月浙西饑元史五行志

按續通考作五月

八月浙西旱元志五行志

至順元年二月杭州火元史文宗紀

閏七月杭州水沒民田元史大宗紀

秋八月杭州火冬十月杭州又火康熙錢塘縣志

二年正月十四日黎明雷震白塔西湖遊覽志　杭州大火錢塘縣志

三月浙西諸路水旱比歲饑民八十五萬餘戶元史文宗紀

閏七月杭州火同上

八月江浙諸路水潦害稼同上

冬十月甲寅杭州火同上

按乾隆志引元史五行志至順元年八月杭州火冬十月杭

州又火皆振恤考五行志無此文未知所據文宗本紀閏七
月冬十月杭州兩次火俱在至順二年今據本紀正
三年五月杭州火被災九十一戶同上
順帝元統元年六月甲申杭州火元史五行志
十一月江浙旱饑元史順帝紀
二年三月杭州水旱疾疫同上
按乾隆志引萬歷志入元統元年考萬歷志據順帝本紀本
繫二年非元年也乾隆志又於二年引宋元通鑑云浙西水
旱疾疫饑民至五十七萬戶按通鑑原文明繫二年三月與
本紀所書實爲一時一事乾隆志既入元年遂以通鑑所載

之二年重爲兩事今并正之又續通考載三年三月浙西水旱疫饑民五十七萬二千戶文與本紀通鑑略同紀月亦同惟別作三年恐亦紀載之訛又乾隆志䘏政載此事亦作二月

五月江浙饑以戶計者五十九萬五百六十四同上

至元二年江浙旱自春至於八月不雨民大饑同上

按乾隆志引順帝本紀載入元統元年考本紀事在至元二年當從之又乾隆志於至元二年復引浙江通志云浙江旱自春不雨至於八月考通志仍據順帝本紀之文乾隆志蓋未詳考以一事而前後再見贅矣今據本紀更正并芟重出

一條

三年杭州饑元史五行志

至正元年兩浙水災元史順帝紀

夏四月乙未杭州火燔官舍民居寺觀一萬五千七百七十餘間死者七十四人元史五行志

二年四月杭州又火同上

按順帝本紀三月杭州火給鈔萬錠振之乾隆志引武林弜菑記云至正二年四月一日杭州火災燬民廬舍四萬有奇輟耕錄亦云四月一日三月與四月一日紀載之歧也今附志之

三年夏五月杭州火災作於車橋火流如鳥所指卽焚武林弭蹟記

七年八月壬午杭州浦中午潮退而復至元史五行志

八年杭州施顯商家母豬自食其子作人語留青日札

五月乙卯錢塘江潮較八月更高數丈沿江民居皆遷避之元史五行志

十年庚寅歲浙江鄉試八月二十二日夜二鼓貢院彷彿見一物馳過甚疾狀若猛獸軍卒因而喧哄考官遂以角端命題西湖志餘

十二年江潮不波葉子奇草木子　按原文云壬辰癸巳間江潮不波壬辰癸巳至正十二年十三年也

三月杭州黑氣亘天雷電而雨有物若果核與雨雜下五色間錯破食其仁如松子相傳爲娑婆樹子是年九月十一日紅巾入城

兩核之地悉遭兵火（西湖志餘）

按志餘稱壬辰三月壬辰至正十二年也乾隆志據輟耕錄云十三年三月壬辰非檢南邨原文無十三年三月壬辰之文其紀事語亦殊蓋所謂壬辰者乃紀年非紀日也又乾隆志按云萬歷志引輟耕錄載在至正元年浙江通志引續文獻通考載在十三年據續綱目書劉福通起兵號紅巾爲至正十一年應以通志爲是云云今繹乾隆志按語雖已正萬歷志載入元年之誤而以通志所引爲是仍屬訛以傳訛蓋紅巾以十二年之秋陷錢塘則兩核之異自當在十二年之春爲預兆綱鑑壬辰七月徐壽輝僞將項普略陷杭州路可

據也杭州之陷在十二年而兩核之異乃在十三年其誤可知續通考既誤而通志據之乾隆志亦據之故錄志餘以正舊說

十四年杭州大霖雨凡八十餘日大饑草木子

十七年正月己丑杭州降黑雨河池水盡黑元史五行志　杭城病疫西湖志餘　三月日晡有兩日交鬭開且合者千百遍窗隙壁竇皆成兩圓影相盪峽川志

十八年正月初三日錢塘盧子明家白雞伏雛九隻內一隻三足二足在前一足在後越三日而死山居新語

二十年二月浙西震雹掣電雪大如掌頃刻積尺餘王氏續通考　三月

有異雲見光映西湖明啟運志　錢塘江潮不至浙江通志　秋九月晦初曉西南天裂數十丈光焰如火宿鳥飛鳴村犬羣吠硤川志　是歲杭州病疫元史五行志

二十二年兩浙大饑王氏續通考

二十八年春饑臨安縣志

杭州府志卷八十三終

祥異三

明

太祖洪武二年吳山三茅觀雷擊白蜈蚣一長尺許廣可二寸身有眞書秦白起三字郭晉集

五年八月乙酉餘杭縣大風山谷水湧沒流廬舍及人畜甚衆明史五行志浙江通志

按乾隆志引舊志云五年七月餘杭縣山水暴湧漂流廬舍及人畜叉連引浙江通志云八月乙酉餘杭縣大風山谷水湧沒流廬舍及人畜實一事也乃以七月八月之歧遂貽兩

志之誤矣又考孫之騄二申野錄記此事與明史合特史稱八月乙酉野錄則七月耳又萬歷志載五年秋七月餘杭大風幷引實錄云山谷水湧漂流廬舍人民孳畜溺死者衆亦作七月記載之例聞見異詞不得以日月偶歧強分兩事以滋疑也今據明史參以萬歷志所引實錄與孫氏野錄以正其訛

七年夏六月杭州旱成化志

八年十二月杭州水明史五行志

按萬歷志引明實錄十一月杭州諸府水患遣使賑給

九年夏五月錢塘仁和餘杭三縣大水下田被浸者九十五頃萬歷志

按浙江通志據實錄作六月壬辰又二申野錄作四月五月叙事皆同又按萬歷志冬十二月杭州府以水災被賑

十年錢塘仁和餘杭三縣水錢塘縣志

按萬歷志據明實錄云十年春三月錢塘仁和三縣以水災給賑二申野錄亦同蓋賑在三月災必在前所異者兩年之中受水災者適皆此三縣也錢塘縣志所載亦未知所據姑誌之以存疑

秋七月海潮嚙江岸萬歷志

九月浙西大水孫之騄二申野錄

十四年六月己卯杭州晴日飛雪明史五行志二中野錄云六月八日也

二十三年海決衝沒石墩巡檢司海甯志二中野錄是年秋七月江南北海溢河決

三十年夏六月杭州旱成化志

成祖永樂元年八月癸亥浙江潮決江塘萬四百餘步壞田四十餘頃湯鎮方家塘江隄爲風浪衝激淪於江者四百餘步溺民居及田四十頃浙江通志

二年冬十一月杭州府水萬曆志

三年海溢詔免本年租稅海甯志

八月杭州屬縣多水渰男婦四百餘人明史五行志萬曆志據實錄云渰民田七十四頃漂沒廬舍千一百八十二間溺死民男女四百四十口

四年浙江饑明史五行志

五年六月庚戌杭州沿江江隄淪於江成化志

六年海甯海決陷沒赭山巡檢司萬歷志

九年七月辛未浙江潮溢衝決仁和縣黄濠塘岸三百餘丈孫家圍塘岸二十餘里浙江通志

海甯縣風潮溺民壞城垣明史五行志

十一年五月杭州大風潮仁和十九二十兩都沒於海平地水高數丈田廬殆盡溺者無算乾隆志萬歷志據孫景時雜志云時天淫雨烈風江潮滔天平地水高數丈南北約十餘里東西五十餘里仁和十九都二十都居民陷溺死者無算存者流移田廬漂沒殆盡

秋八月仁和縣饑二申野錄

十二年冬十一月杭州水明史成祖紀

按萬曆志作十二月

十三年浙江旱明史五行志

十七年冬十月杭州府廟學災僅存戟門萬曆志

十八年夏秋仁和海甯潮湧隄淪入海者千五百餘丈明史五行志 萬曆志引實錄云夏秋霖雨風潮壞長安等壩

二十二年十月於潛饑於潛縣志

宣宗宣德三年浙江自四月不雨至六月乃雨明實錄

夏六月杭州大水萬曆志

九月於潛縣饑於潛縣志

十一月臨安新城二縣饑萬歷志

四年冬十一月臨安於潛二縣饑萬歷志

五年冬十月杭州饑二申野錄

按乾隆志引仁和縣志附於四年今考仁和志繫五年非四年也

六年十月於潛縣饑臨安縣志

七年正月甲寅昏刻昌化有流星大如杯色赤有光是年六月大水昌化縣志

九年浙江旱告饑臨安縣志

十二年八月海水溢海甯縣志

英宗正統二年十一月錢塘縣民婦一乳三子萬歷志明實錄云程潤妻鄭氏產三男給鈔米優之

按乾隆志於是年引浙江通志錢塘縣民婦一產三男不書月又於七年復引錢塘縣志云十一月錢塘民程潤妻鄭氏一乳三子事與實錄同蓋錢塘縣志紀年之誤乾隆志不察而事遂重出也今據萬歷志所引實錄以校正之又考二申野錄所載別作元年

秋八月海甯海溢乾隆志

三年浙江旱明史五行志明實錄云錢塘等縣自五月以後彌旬不雨田禾槁死

五年塞海甯蠏嚴決隄口舊海甯志

冬十月杭州饑（萬歷志　明實錄云本府奏五月至今水旱傷稼秋糧難徵上命行在戶部覈實以聞）

六年浙江春夏並旱（明史五行志）

七年浙江大旱（明史五行志）

九年六月浙西大水（明實錄）

閏七月浙西大水（王氏續通考）

十一年六月浙西連月大雨水（明史五行志）

十二年八月海水溢（海甯縣志）

十三年旱（西湖志）

按乾隆志於正統八年引明史五行志云浙江地生白毛二

中野錄是年浙江紹興山移於平地地動白毛生據此則明

史所云浙江指紹興非指杭州又乾隆志引綱目續編云正統十四年六月浙江地動白毛遍生考通志引明法傳錄云正統十四年六月紹興山忽移於平地又地震白毛遍生是亦指紹興而非指杭州且所引與二申野錄同蓋卽此一事所誌各殊乾隆志兩引之而不加深考遂至重出然莫爲非杭州則一也因並刪之

景帝景泰二年夏大饑海甯縣志

四年冬十一月戊辰至明年孟春浙江大雪數尺明史五行志

五年春正月大雪萬歷志武林紀事云十餘日鳥雀俱死

杭州大雨傷苗六旬不止明史五行志

夏五月杭州無麥禾二申野錄

秋七月杭州蝗害稼仁和縣志

九月杭州旱武林紀事

六年海甯衛自三月不雨至於六月明實錄

春浙江饑明史五行志

七年浙江恆雨淥田明史五行志

按五行志恆暘下云景泰七年浙江旱又於恆雨下書浙江恆雨淥田何一歲閒旱潦之相懸也據下書西湖水竭則潦在春夏而旱在秋冬也謹移旱於後以志其實

夏五月餘杭霖雨瓶窰塘圮萬歷志

秋貓兒橋河水五色旬日方解不一月其地陳綱中省元七修雜稿

按類稿謂事在正統丙子考正統無丙子而二申野錄載此事繫於景泰七年丙子其爲是年無疑故錄於此

浙江旱明史五行志

冬西湖水竭浙江通志武林紀事云丙子自秋徂冬數月不雨湖水涸成平陸

按舊錢塘縣志冬十月湖水竭未幾少保于謙遇害史載忠肅被害在景泰七年錢塘志誤作正統七年今改正

英宗天順元年夏杭州旱明史五行志

七月杭州蝗明史五行志

九月杭州旱萬曆志

按二申野錄作天順二年九月

三年浙江旱明史五行志

四年秋七月杭州雨害稼萬歷志

按浙江通志據明實錄作天順四年杭州四五月陰雨連綿江河泛溢麥禾俱傷

五年七月浙江大水明史五行志

新城大旱新城縣志

六年新城螟蝗新城縣志

憲宗成化元年浙江饑明史五行志　萬歷志秋七月杭州府奉勅賑饑民并據明實錄云是歲各司府州縣奏久雨水潦麥無收稻苗腐又王氏續通考云八月浙江所屬州縣各奏水患

七年夏霖雨餘杭縣大水萬歷志餘杭縣志云決化灣塘淹沒田禾災及旁邑死亡無算

閏九月杭州海溢淹田宅人畜無算明史五行志二申野錄九月大風潮衝決錢塘江岸洪水洸溢又本紀九月己未浙江潮溢

八年秋七月海甯海溢海甯州志

杭州府大風雨江海湧溢萬歷志明實錄太子太保署吏部尚書姚夔言南京及浙江杭州等處撫臣各奏今年七月狂風大雷雨江海湧溢積數千里林木盡拔城郭多毀廬舍漂流人畜溺死田禾盡成亦皆淪損請廷臣具條所以安民弭患之務

八月江潮水溢衝擊塘岸萬歷志

按乾隆志上兩條均引仁和縣志作七年今據萬歷志校正

十年海甯縣海決至城下海塘通志

夏四月郡城大火萬歷志 武林紀事夏四月望仙橋河東蔣氏火延鎮海樓伍公廟海會寺東岳行宮玉樞雷院下遠宗陽宮南至侍郎府北至鎮守府東至巡鹽察院西至布政司周環六七里燬民居三千餘家

十二年八月浙江風潮大水明史五行志

十三年二月海寧縣海決萬歷志 海寧縣志云潮水橫溢衝圮隄塘逼近城邑轉盻曳趾頃一決數仞閭閻廬舍器物淪陷將盡所不及者半里史鑑明西村集與陳黃門汝玉書成化十三年海寧海寧都御史侶公以監察御史巡按浙江帥布按二司官屬禦之

十一月辛未冬至杭州大雷雨虹見明史五行志

按仁和縣志列入十年誤考萬歷志於十三年引明實錄云巡按御史侶鍾言按月令八月雷始收聲二月雷乃發聲今十一月初一陽始生正閉藏之時而雷電作虹霓出皆非乞

修省仁和縣志亦引實錄而敘事相符知其以十三年誤作十年也又證以西村集所記倡公十三年巡按浙江之言益信附正於此

十四年八月吳越間淫雨不止各處出蛟將出時山中先有火燒地草木披靡分兩邊中成一逕以出蛟入水如驢形不見足浮遊江中而去王氏續通考

十六年春三月有五色鳥翔錢塘學宮萬歷志　按七修類稿是年有異鳥翔於錢塘學宮文五色諸生異而賦之獨李旻一詩爲人所傳是秋旻舉鄉試第一越四年甲辰大魁天下

十七年夏五月昌化縣箭竹生花踰年結實如麥萬歷志

二十年秋八月訛言黑眚入城萬歷志　蘂間語錄云省中訛傳黑眚夜入人家由小變大能拉

傷人街衢喧嚷徹夜不絕官司引捕人四方彈壓每過一宿又早傳某家被物抓面出血某人揉搓垂死及細詢當無實跡擾擾半月而寂

二十一年九月二十四日天尚未明湖墅夾城巷北有黄斑虎軀體雄偉自南河游至巷有脚夫謝四因早出行與虎交肩行過被虎爪傷左肩虎遂入前巷知州淩煜家據廳上大吼鄰里無不杜門淩家破後壁逃虎遂登樓地方奔告官司喚獵戶二十餘人擒之無策後以石灰貫入袋內上瓦揭開放日光虎仰視以灰迷其目次以堅利長鎗刺其口始獲送官 康熙錢塘縣志

二十三年秋大旱 海寧州志

八月五色雲現於西北方 餘杭縣志

孝宗宏治元年浙江饑明史五行志

宏治初錢塘安溪山多虎患縣令獵人捕之一日而獲三虎七修類稿

三年夏四月仁和縣槎渡村有瑞麥萬歷志武林紀事云仁和縣二十一都十四圖槎渡村麥秀兩岐

四年八月浙江水明史五行志

按浙江通志作五月

昌化縣大水昌化縣志

秋九月浙西饑萬歷志

按萬歷志引明實錄云是年冬十一月杭州府以被水災免稅糧此蓋因災免糧災不必在十一月也

五年杭州府旱災萬歷志二申野錄云二月杭州府以旱災免徵

夏秋浙江水明史五行志

按萬歷志是年夏六月大雨水害稼幷據武林紀事云宏治五年六月二十四日午後大雨如注抵暮龍井山鳳凰山俱發洪水暴漲滰沒田禾衝決雲居山城垣虎逸入蹲三茅觀次日獵而斃之乾隆志引浙江通志以龍井鳳凰山發水一事載入宏治三年又引舊志將虎逸入三茅觀一事亦載入宏治三年幷按云仁和錢塘志皆載在宏治四年今從通志及舊志編入蓋乾隆志本無確據今以明史夏秋大水爲憑而證以萬歷志附正於此

又西湖志餘云明宏治五年六月二十四日大雨西山水發

山崩地裂西湖溢壞民廬數百家死者數百人城牆崩街市乘舟而行按此可與武林紀事相佐證而通志乾隆志與兩縣志不載

海甯海溢海塘通志

冬十二月杭州水武林紀事

按乾隆志據舊志載在宏治三年今考萬歷志及二申野錄俱繫五年因校正

六年夏四月昌化縣大風拔木火光繞山少頃驟雨如注昌化縣志

七年甲寅四月湖墅賣魚橋草營巷有生兒一頭兩面雙耳四足男女形皆具者其家怪之棄於市河中七修類稿

按乾隆志於萬歷四十二年引錢塘縣志載此事書月書地皆同初疑時隔百二十餘年何以事有相類如此者偶檢厲鶚東城雜記稱郎瑛爲正嘉中諸生據此則嘉靖之初瑛已及壯年可知由嘉靖元年壬午至萬歷四十二年甲寅計九十二年約其時瑛已百有餘歲果如錢塘縣志所載瑛安得及見其事而著錄於類稿乎考宏治七年歲在甲寅萬歷四十二年亦爲甲寅傳述者但以支干繫事錢塘縣志漫據所聞遽筆於萬歷之甲寅乾隆志仍之此其致誤之由也又考田子藝留青日札亦載及此大書爲宏治間事益信乾隆志與錢塘縣志之訛今故移志於此而乾隆志萬歷四十二年

之文從芟

十年秋九月地震武林紀事

十一年夏六月錢塘湖池沼水忽騰湧高三四尺旋卽消去二申野錄

十三年靈隱山水横發西湖游覽志

十六年秋杭州大旱武林紀事

浙江饑明史五行志萬歷志據明實錄是年冬十一月杭州府以饑荒賑

十七年昌化縣大饑昌化縣志

十八年七月杭州餘杭縣雨山水大湧漂屋人多死者浙江通志

九月癸巳杭州府地震有聲明史五行志

按錢塘縣志二申野錄俱作庚子

餘杭臨安於潛昌化同日地震武林紀事

壬辰夜海甯地震海甯州志

武宗正德元年十二月西湖有魚黃而無鱗肉翅能飛杭州田家生一雞四足二申野錄

二年昌化縣大水昌化縣志

三年夏五月餘杭大雨水萬歷志餘杭縣志云水湧南湖塘決漂流民居數百餘家

六月雨紅水於錢塘都御史錢鉞家萬歷志七修類稿正德三年杭已故都御史錢鉞家一夕天雨明旦起視瞬皆清水而錢家獨紅數日後錢氏爲朝廷所籍

按乾隆志云舊錢塘志載入宏治四年誤

杭醫吳景隆之妻產一子青面無髮雙角夜叉之形產出將殺之

躍出窗外升屋而走吳集家人用布蒙捕之捶死留青日札

按日札及七修類稿均無年月考二申野錄載此事在正德三年秋八月十一日今從之

四年十二月壬寅杭州大雨雷電越二日復作明史五行志

按乾隆志云錢塘縣志載在三年誤

六年春正月杭州大雨雹地震武林紀事

七年春三月杭州地震武林紀事

夏五月杭州地震有聲明實錄

秋七月杭州地震明實錄

八月又震轟然有聲自西北迄東南翌日地生白毛長一二寸許武林

紀事二 中野錄云九月五日杭州地震七月八月連震

按乾隆志引武林紀事書地生白毛於三月地震下非

八年十月癸巳杭州雨黑水明史五行志

九年浙西自冬徂春雨暘爲災蠶麥不利明實錄於潛歲荒於潛縣志

硤石沈祏於紫薇山土中得異石無數如斧鉞如圭璧方者圓者短者長者厚二三分周圍口尤薄各有圖竅竅皆倒橋黃白黑綠各不同光潔工巧迨非人工見者皆以爲霹靂礁海寧志按志繫甲戌歲卽正德九年也

十年十一月杭州大水明實錄

按乾隆志據浙江通志而通志不載此事

十二年四月甲子夜海甯地震 海甯州志

秋八月昌化縣螽害稼 昌化縣志

杭州地震 萬歷志

十三年戊寅官塘水五色其長數十丈 七修類稿

十四年春正月朔冰有花 萬歷志 武林紀事元日民居屋瓦俱結成花朶陰處數日不解 是歲

杭州大饑 萬歷志

十五年秋八月癸未仁和縣大雨雹 萬歷志 武林紀事云二十八日仁和小林地方周一二十里下冰雹大者如斗小者如碗壞田禾樹木

鮑相譜吐納以占術顯壽百二十有一 乾隆志引舊志

十六年秋八月不雨至於十二月 萬歷志

世宗嘉靖元年春杭州旱久晴無雨河渠枯涸萬歷志 明史五行志是作浙江旱

西溪婦生一子兩頭一身五臟在外留青日札

三月杭作大水萬歷志 海甯志作夏大水田成巨河

保叔塔燬西湖夢尋

二年四月杭州旱明實錄

七月杭州大風潮八月風潮再作萬歷志 二申野錄引武林紀事云七月初五日處暑時方久旱此日狂風暴雨拔木約五六十處大開河等處海水湧溢漂流廬舍數百家衝決塘岸海水倒流城中河水皆鹹

八月初三日大風湧海水衝去太平門外沙場廬舍百餘家武林紀事

秋杭州大霖雨明實錄

三年春二月杭州大饑武林紀事 錢塘縣志斗米千錢後增至千三四有司賑濟稻穀人六斗鄉民奔赴

樹腸候二三日飢亦食餓及途間者無算

秋八月昌化縣蟲害稼昌化縣志

按乾隆志失書月

四年夏五月有星流於杭州萬歷志　武林紀事云初七日五更有大星自東流西曳尾長數十丈光明燭地火塊亂落有聲如雷聞數十里

秋九月杭州蟲害稼萬歷志　武林紀事云自八月間蒸熱不解蟲生禾根自細漸大食禾幾盡生翅飛去如黑烟沖天各鄉田禾十損八九餘杭縣志是年秋螟蟲生禾苗嫩株不留鄉民以油灑之飛而去少頃復來忽生黑殼蟲無數食蝕遂盡

冬十月晦杭州大雷電雨萬歷志　武林紀事云三十日辰時大雷電一時驟雨如注

六年杭州蔡家母猪忽作人言留青日札

七年夏四月餘杭縣大風雷雹萬曆志 餘杭縣志四月亢旱忽大風拔木雷雨雹大者如鷄子小者如彈丸較雨點更密瓦片飛動人民驚駭牛馬奔逸

杭州民家有豕肉膜間生字明史五行志 七修類稿嘉靖七年五月間官巷口屠兒李姓偶殺猪吳姓者買去未及烹見油膜內字文隱隱起視之則油膜上如印成之書四行其色如蜜其大如豆其文曰嬴宦手璧兩身畝功在鷄魚則臟矣初行五字第二行二字第三行五字未行二字共四行似前後尚有字乃爲衆買分食矣

八年五月杭州雨黑水衣服汚染七修類稿

七月蝗海甯州志

九月海決逼海甯城萬曆志

蝗入昌化縣境不害稼昌化縣志

十年大水海甯縣志

秋七月杭州大雨如注浹旬不止西湖諸山水溢平堤（萬曆志）

十二年六和塔火（西湖志）

十三年臨安民家一產四子長六七寸（留青日札）

十四年杭州自春及秋恆雨（萬曆志）

六月雷擊徐氏園中棗樹中書右衛玉通所五字餘字漫漶不可識（西湖誌餘　留青日札云餘杭徐綃之廳後園樹破之中有右衛玉通所五字不言雷擊）

十六年浙江水災（明史五行志）

十七年八月昌化縣竹生實（萬曆志　昌化志云竹生穗結實如小麥民採食之）

十八年杭州自春二月不雨至於夏六月井泉皆竭（萬曆志）

按通志作三月

大饑（海甯州志）

六月天目山崩石下出蛇千餘條（留青日札）

按乾隆志引舊志云六年天目山崩考日札書己亥六月己亥爲嘉靖十八年舊志蓋以月訛年而致誤也今改列於此

冬十月有流殍集錢塘江（萬歷志）

十九年夏昌化縣産瑞蓮（萬歷志　昌化志云其蓮不種而生紅白二色重花並蒂）

二十年昌化縣長亙五十里竹葉之間苞絡成穟而實採而舂之得黑色碎米炊食味少澀而飽和飴爲餅餌最佳其地遂得豐熟（七修類稿　留青日札云嘉靖二十年昌化獨山竹皆成穟實舂碎若米而紫黑色炊之可食余閩中竹亦結實剝開甚清香如田氏所言杭州亦有之　按子藝錢塘人也）

二十一年七月十八日大風雨杭城青湖橋馬醫胡氏家有異物起馬廄中火光燭天椳桷無損其家不知也鄰家見而報之覓馬廄中有坎廣尺許深二丈餘下水湝瑩蓋龍潭也西湖志餘留青日札云嘉靖二十一年杭州八字橋胡獸醫家風雨欻作屋柱傍穴地出號破椽瓦四五尺而起

二十二年冬兩浙大饑留青日札

海甯洊饑海甯州志

二十三年春兩浙大饑留青日札萬歷志是年大旱田無麥禾米石價一兩八錢富者食半菽餓莩載道浙江通志亦並引之

海甯洊饑海甯州志

二十四年浙江旱明史五行志

杭州大饑逼浙連歲荒歉百物騰湧貧人有食草者時疫大行餓莩滿道（萬曆志）

秋七月丁卯杭州大雨雹（萬曆志）

良渚王本妻生一男兩頭（留青日札二申野錄載在是年五月）

二十五年千戶湯執中池側産連理竹有二時謂孝感所至（海甯志）

夏六月杭州蝗飛蔽天自西北來凡二日所過田禾草木俱盡（武林紀事）

餘杭大蝗與杭州同（餘杭縣志）

七月杭州大水無禾（二申野錄）

秋九月杭州屬縣諸山虎聚成羣白日入民家傷人道路無獨行

者死傷不可勝紀且不可獵餘杭尤甚七修類稿

二十六年丁未自夏至冬浙江潮汐不至水源乾涸中流可泳而渡留青日札

三十一年夏六月杭州府管局通判廳火時海寇初起軍中需火藥甚急諸匠人就廳碾藥碾急火起藥中焚死甚衆有未死者灼膚裂體慘不忍視扶出見河水輒投其中明日皆死萬歷志

三十二年龍過方山當郎方家峪松木大數十圍者悉連根拔起七八株留青日札

三十三年甲寅之秋新河壩河水赤至丙辰倭寇至杭城北門外大肆焚掠五日乃去此其兆也七修類稿

於潛歲大祲於潛縣志

三十五年九月戊辰杭州大火延燒數千家明史五行志

按乾隆志云仁和縣志載是月十三日未刻火起熙春橋俄遍四方東西逾數里越城飛火至永昌壩達旦始熄燒燬官民廬舍一萬餘間濟軍察院鎮海樓俱及焉與舊志同惟通志作三十四年七月今從明史

十一月十六日甘露降於品嵒松竹葉上後二十二日復從空而降留青日札田子蓺自號品嵓子

三十七年六月六日杭州靑墩白龍起壞廬舍數十家其氣如火勃勃然蒸人留青日札

秋八月旗纛廟災自管局廳失火之後移就廟中碾藥復火廟遂煨燼萬曆志

三十八年餘杭竹生米甚多民間羹食如大麥人云歲凶之兆西園雜記

三十九年七月天目發洪水臨安於潛新城大水杭州災傷留青日札

四十年四五月大雨水苗種淹沒萬曆志

秋七月至冬十月杭州大水無年禾稻沒水中民舟行畎畝捷稻穗割取饑寒死者相望於道萬曆志

四十一年三月十二日有黃白二龍夭矯由太湖來後一青龍隨之自陡門至硤石東南入海傷屋宇千數隨大雨霆浙江通志於潛縣

饑於潛縣志

四十三年四月二十一日餘杭臨安大雨水黃湖雙溪尤甚會杭一所發洪二十八處留青日札

十一月十一日戌時雷鳴閃電大霹靂屋瓦皆震至十二日寅時方止陰雨十餘日忽大風大暖人皆袒裼如春夏時令十二月初一日申酉時晴天雷鳴留青日札

四十四年十二月二十八日未申時天鼓震西北留青日札

四十五年正月八九日夜半雷留青日札

六月三十日龍過西湖風雨大作寶叔塔頂墮湖船翻三四隻接待寺新建千佛巨閣平地帶起丈餘者三次跌為齏粉無完植者

留青日札

新城新登鄉人陸鍾妻裘氏壽一百二歲新城縣志

穆宗隆慶元年水錢塘縣志

餘杭周氏一產四蛇留青日札

海甯章鍘壽百有一歲嘉靖中其母亦年九十九旌乾隆志引舊志

二年正月初八九日民間訛言朝廷點選繡女自湖州而來人家女子七八歲以上二十歲以下無不婚嫁不及擇配東送西迎勢如抄奪甚至黑夜潛行無問大小長幼美惡貧富以出門得偶爲大幸雖士夫詩禮之家亦皆不免留青日札

二月浙江省城外災燬室廬舟艦以千計明史五行志

按萬歷志二年春正月元旦德勝壩火燒民居一千餘家座船四十餘隻又按留青日札云隆慶二年戊辰正月元旦大風走石飛沙天地昏黑錢塘湖市新馬頭官船火起沿燒民居二千餘家官民船舫焚者三四百隻死者四十餘人與萬歷志皆書正月元旦惟明史作二月通考同今以明史爲據

浙江大旱明史五行志

三年閏六月六日戊時雷火焚昭慶寺一夜焚盡留青日札

浙江大水明史五行志

大風折保叔塔頂西湖志餘

秋七月錢塘江無潮二申野錄

四年夏四月流福溝甃石忽動扶起見黿大如車輪紅白色黿首而三尾作馬鳴二申野錄

按萬歷錢塘志誌異紀此事云在萬歷庚午考庚午係隆慶四年萬歷無庚午也當以二申野錄爲據

五年三月杭州栗樹生桃明史五行志

按留青日札作五月四月云錢塘湖市栗樹生桃形類油桃色紅無核

九月西溪栗樹生林禽三枚留青日札

十一月十二日天鼓鳴留青日札

六年四月杭州黑霧有物蜿蜒如車輪目光如電冰雹隨之明史五行

志留青日札隆慶六年二月十日錢塘晴雨雹四月又大雹人見黑霧中一物蜿蜒大可合抱黑彩兩目閃電冰雹隨之次日竹林鳥雀盡死千萬自西北至東南橫過十五里

二十八日雷擊杭城西南里許人民王材滿野初聞香烟若神人過者材腦後一穴如彈丸大從左腋而出留青日札

神宗萬歷元年大有新城縣志二年二月丙辰杭州驟熱雨雹萬歷志按乾隆志作雷雹

三年六月海湧數丈沒廬舍人畜不計其數明史五行志萬歷志三年夏六月大風潮江海溢是月初一日夜怪風震潮衝擊錢塘江岸坍塌數千餘丈瀕流官民船千餘隻溺人無算海甯縣坍塌海塘二千餘丈溺死人百餘瀕流房屋二百餘間災田地八萬餘畝鹹水湧入內河自上塘來者至斷河自下塘來者至北關運河

按海甯志誤引作萬歷元年錢塘縣志載在隆慶三年亦誤

又海甯志載三年五月晦潮溢壞塘二千餘丈溺百餘人傷稼八萬餘畝與萬歷志載六月初一日事大略相同一晦一朔蓋各據其最甚之時日其實卽五行志所書一事也又乾隆志引舊海甯縣志云三年五月颶風大作海嘯漂溺民居塘圮鹹水湧入內河亦與萬歷志同今一以明史爲據餘俱不贅書

秋七月江無潮萬歷志

冬十月二十九日郡城火發菜市橋東人從橋上以觀扶欄忽崩溺水者無算死者四十餘人競爲祟厲昏黑不可行仁和縣梁鵬爲文祭之始絕萬歷志

四年杭有屠家宰豬者去毛盡豬腹有丹書數字曰秦檜十世身二申野錄

五年秋七月二十七日晡時郡城小營巷火延燒東里義和如松三里次日方熄燬民廬千百餘家萬曆志

按錢塘縣志載在萬曆七年七月二申野錄與錢塘志同

十二月二十八日庚戌天驟熱如初夏行人有赤身者申刻陰雲陡作大雷雨萬曆志

按仁和縣志作冬十月大雷雨

六年正月大雨雪萬曆志

二月至三月恒雨萬曆志

四月江潮復至自三年七月以後江潮無波每日潮候正暗水者兩年矣至是復至云萬曆志

按乾隆志云舊錢塘志載在隆慶間誤

六月浙江金門衛後所千戶金璫家臥房平地湧血如沸高三尺許天明凝凍成塊李樂見聞雜紀

七年浙江大水明史五行志新城大有於潛縣志

二月初五辰時餘杭地震餘杭縣志

八年五月大雨水西湖水湧進湧金門船至三橋址乾隆志引錢塘縣志

秋昌化縣蝨食稼無年昌化縣志在萬曆十年秋

十年秋七月十三日己巳杭郡大風雨拔木江海潮水嘯湧二申野錄

十一年夏昌化縣麥一莖雙穗 昌化縣志

夏六月不雨 喻均天澤廟記

十二年餘杭大有年每銀一兩糴米三石 餘杭縣志

十三年臨安縣大稔米價每石三錢 臨安縣志

昌化縣產白兎 昌化縣志

十四年春昌化縣大水 昌化縣志

夏五月海甯大水 海甯州志　明史五行志是年夏浙江大水

十五年五月杭州府江潮泛濫平地水深丈餘七月終颶風大作

環數百里一望成湖 明史五行志

昌化縣大水各鄉出蛟山崩裂近山田漲爲沙磧壞屋廬無算 昌化

縣志

臨安縣水臨安縣志

七月海甯潮溢海甯州志

十六年春大雨水蠶麥禾俱無收錢塘縣志

餘杭大疫大祲死者相藉餘杭縣志

五月浙西旱疫明史五行志

秋昌化大饑昌化縣志

十七年六月杭州旱疫二申野錄明史五行志是年浙江大旱乾隆志引舊錢塘志云五月六月大旱瘟疫甚行餓死沸道婦女標賣過江幾盡

登雲橋馬通政門首銀杏樹上煙起江干化仙橋木堆火起二申野錄

浙江海沸杭屬縣廨宇多圮碎官民船及戰舸壓溺者二百餘人明史五行志

七月己未杭州地震明史五行志

初九日大風雨拔木吹倒斜橋天水橋共六座牌坊四座二申野錄

八月海寗縣地震浙江通志

浙西饑仁和縣志

十八年秋昌化縣旱高田無收昌化縣志

昌化縣疫癘昌化縣志

十九年浙江大水明史神宗紀

二十二年浙西饑仁和縣志

夏五月海潰及於隄海甯州志

五月錢塘縣有瑞麥浙江通志

海甯縣有瑞麥海甯州志

看潮莊壽民年百有三歲富陽縣志

臨安縣泮池開瑞蓮臨安縣志　觀音寺生瑞芝同上

二十三年七月大方伯里沈家母狗產一小兒即時打斃二申野錄

海甯城外沙七八里忽沒海水直叩塘址以長竿測之不得其底

衆懼將徙城避之無何大風雨至衆潰縣令亦挾印走既息城無

恙令率衆歸未幾塘外沙露尺許久之復舊海甯縣志

昌化大雪昌化縣志

二十四年杭州府旱明史五行志　王氏續通考是年杭州府自五月不雨至七月以來旱魃爲虐禾苗失種

秋杭州府大水明史五行志　王氏續通考八月大雨如注狂風交作經數日夜不息山洪暴發廬舍傾圮隄岸崩頹郊原皆成巨浸

杭州霪雨傷苗明史五行志

八月海寧大水海寧州志

冬臨安大雪平地積四尺餘至三月方消臨安縣志

二十五年二月壬午杭州火燒官民房一千三百餘間明史五行志　康熙錢塘縣志二月二十一日清明忽起大風湖墅北關外金家衙口糧船失火燒北關官廳延燒東西兩岸至牙灣巷江漲橋混堂巷草營巷兩數千家運船十五隻諸生李中華父子兄弟三人相救焚死　甲申野錄二月二十一日清明湖墅大火仁和縣燒二千九百家錢塘縣燒一千二百家

七月二十二日有烏鴉銜棉絮到處放火燒房屋四百餘間二申野錄

二十六年水錢塘縣志臨安縣大旱臨安縣志

按是年於潛縣亦被災見巡撫劉元森九月奏案

二十九年六月辛丑寒氣逼人富陽山中飛雪成堆杭州深山中亦然至七月始熱八九月仍熱如故人多裸浴里無不病之家家無不病之人見聞雜記

三十年五月杭州大雨龍井山水出頭刻高四尺浙江通志康熙錢塘縣志大雨頃刻三四尺奔流嶺下壞廬舍山間厝棺衝至飲馬橋橋中人與輿夫俱溺死

臨安縣大水臨安縣志

昌化禮生章材年百歲妻許氏九十有八乾隆志引舊志

按昌化縣志云明末昌化章材□之父享年百歲邑令題額曰榮壽堂不書何年又康熙志載明昌化章道榮壽九十九歲邑令陶欽書額表之亦不書年乾隆志所引互歧今並志之

三十二年十一月初九戌時餘杭地震河水騰湧餘杭縣志

海甯臨安二縣地震浙江通志 海甯州志 十一月十三夜地震

三十三年有五邑靈鵲翔集於餘杭縣署三日始去餘杭縣志

夏六月旱康熙錢塘縣志

錢塘江沙上有海鰌百條重數百斤民取肉熬油是月旱至七月無雨康熙錢塘縣志

三十四年餘杭南渠河清三閱月徹底藻荇可數餘杭縣志

三十五年昌化縣箭竹開花結實如麥合邑賴之以濟饑饉昌化縣志

夏六月初三夜大雨康熙錢塘縣志

三十六年四月至五月終大雨數十日不止水驟漲江水逆入龍山閘進城西湖水溢入湧金門湖舟近抵華光廟自清波門至府署水深四尺黃泥潭居民水高逼屋梁蓋二百年僅見之災康熙錢塘縣志

五月大水不害稼海寧州志

六月大水餘杭南湖北堤決漂沒民房市可乘舟餘杭縣志

按康熙錢塘縣志載作五月餘杭南湖塘爲居民盜決水直

灌欽賢等鄉一十餘里一夜成丈餘民居蕩盡溺死無算得脫者艤舟以居逾月水勢始退米價驟貴一日斗增百錢洶洶思亂巡撫甘士价太守王織率同縣令撫輯始定

大饑仁和縣志

十一月振濟浙江杭州府水災明實錄

袁文玉築室柳洲壽百有一歲康熙志

三十七年杭州八月初七日至初十日驟雨晝夜不止南湖諸隄皆決浙江通志　康熙錢塘縣志初九日値鄉試鎖院水深三尺士子危踞木板上屬文南湖諸隄皆決苕溪桑溪西溪安溪各告水災

秋臨安縣大水臨安縣志

餘杭大水鳳儀塘決居民漂沒餘杭縣志

三十八年臨安縣泮池瑞蓮一本數莖二海鳥至黑色大如車輪臨安縣志

三十九年餘杭護國山獲白兔餘杭縣志

秋七月海甯米踊貴坊市閉糴幾致亂海甯州志

四十一年夏餘杭蝗人共捕之以千斛計投滅於通濟橋下秋大有年餘杭縣志

四十二年浙江霪雨爲災明史五行志

浙江大水明史五行志

四月錢塘賣魚橋草營巷民家生兒一頭兩面雙耳四足男女形

皆具或曰此未判攀子也錢塘縣志

四十三年浙江饑明史五行志

西湖三橋有龍魅幻作靑旆懸酒家狀迷者投肆沽酒實湖也竟溺死旣作龍王堂以鎭之魅忽飛起擊保叔塔頂碎接待寺佛閣而遁康熙錢塘縣志

按此與留靑日札載嘉靖四十五年事相類錢塘志未知何據姑仍乾隆志存以俟考

四十四年淸明後六日杭州下雪珠漉入篷窗甚巨鷄首頃刻可掬仁和縣志

四十六年錢祥年百歲康熙建坊志

熹宗天啟元年二月杭州桃樹花中結實爲李浙江通志　海甯州志鄉間桃樹花結實爲桃李

按是年訛言選宮人民間嫁娶如隆慶時見海甯志

虎入城康熙錢塘縣志

三月甲辰杭州火延燒六千餘家七月戊子復災城內外延燒萬餘家明史五行志　錢塘魏志仁和趙志載是年三月初五日陳調變家起火延燒平安東西如松等坊一十餘里又飛燒艮山門外數百家初八日又報北艮等圖各延燒十餘家共燒房屋萬餘間焚廒豐倉一所合郡士民洶洶歸咎西湖北山新築亭館太盛鑿傷山脈所致又仁和趙志是年六月又火三日居民所遷火飄隨之有數還力救目視讒鬼乘諸烈焰者

按乾隆志引明史稍歧今據明史原文校正而附錄錢仁兩縣志證之

七月二十三日烈風驟雨海嘯沿江廬舍漂沒俱盡浙江通志

八月戊子杭州大火詔停織造明史熹宗紀

二年二月癸酉海甯地震明史五行志

三年十二月二十二日杭州地大震浙江通志海甯許志海甯地震

海甯東鄉民家生羝二尾八足怪而斃之海甯州志

四年正月十一日震雷甚雨水色黑是年潮水齧隄海甯州志

按口口口逃異記天啟時海甯龍與犼鬬兩斃山中一黃龍墮蓋爲犼所殺也不知何年附此

饑官出粟於佑聖觀平價召糴康熙錢塘縣志

五年臨安大旱臨安縣志

莊烈帝崇禎元年七月壬午杭州府海嘯壞民居數萬餘間溺數萬人海甯尤甚撫臣上其事秋糧折半明史五行志 海甯志是年七月二十三日海甯潮決深入平野二十餘里人畜廬舍漂溺無算又仁和縣志崇禎元年七月二十三日風雨海嘯沿江一帶民舍漂沒幾盡仁和牛頭堰于姓惡生一子甫兩月大潮洶湧于搶惇奔逃子隨潮漂去次日赭山漁戶獲一大魚重百餘斤擎至彭敬泉完遇易酒米破魚腹中一小兒端然不動彭氏大喜以爲神異乳哺之取名魚生于姓聞之求還不允訟於尹尹曰魚腹生子此天賜也而于爲本生父亦不可忘令各娶婦宿於于生子卽于孫宿於彭生子卽彭孫

按乾隆志引浙江通志天啟元年先有海嘯事本志從之惟同爲紀元之七月二十三日年月日何巧於相符而明史獨不書天啟元年之事此可疑也今姑仍乾隆志之舊兩志之

是年大風拔木壞屋傾鎮海樓圮石坊一十七座積尸蔽江而下

潮退縱横沙上康熙錢塘縣志

五年杭州自八月至十月七旬不雨明史五行志

七年正月大雪十五夜無燈仁和縣志

是年六月二十四日大風雨西山水暴發壞僧俗廬舍無算而天竺靈隱雲棲虎跑爲甚慈雲瑞光塔亦衝圮天竺山志引秋老軒隨筆

十一月二十六日海甯地震浙江通志

十年浙江大饑父子兄弟夫婦相食明史五行志

三月錢塘江木柹化爲魚有首尾未變者明史五行志

十一年六月杭州大水浙江通志　錢塘魏志是年六月兩山洪漲所埋棺槨浮泛湖中湖水爲之腥濁

六月癸亥暮海甯大風潮決城西至赭山溺人畜傷稼海甯州志

十二年浙江旱明史五行志

正月二十二日夜有神燈見海甯郭店鎮琛林雜俎

五月三十日未刻蝗從東南飛過西北幾蔽天形類蚱蜢而色黃四翼飛則兩翅扇動類燕大小不等或云有黃黑二色然蝗雖多俱落曠野不爲禾害仁和縣志

六月昌化縣大水壞民居田畝數十處溺死者近數千人昌化縣志

八月初八日蝗大至北關外積二三寸多灰色亦有綠色者頭類馬連日逐之不去初從筧橋來西過香園陳入餘杭界仁和縣志

十二月浙江霪雨阡陌成巨浸明史五行志

十三年正月六日大雨雹淫雨連綿不止至閏正月始晴浙江通志

二月壬子浙江省城門夜鳴明史五行志

五月浙江大水明史五行志

六月大疫十室而九浙江通志

八月旱大饑海甯志禾稻盡枯民採榆屑木以食又病疫仁和縣志明史五行志是年浙江饑臨安縣志是年大饑草根樹皮俱盡

是年昭慶寺火北隅掌錄

十四年六月杭州大旱飛蝗蔽天食草根幾盡人饑且疫浙江通志仁和縣志是年旱寓家半食粥或聚煮蠶豆以充饑錢塘縣志是年大旱蝗飛蔽天民初食豆麥次糠秕不給煮榆皮橡栗食之僵尸載道天竺山掘土三尺得土細類粉食之不饑民賴以活北隅掌錄是年辛巳城中餓殍舁出扛接相屬海甯州志六月大旱蝗民饑鬻子女售田舍途有餓殍於潛縣志歲大饑野有餓殍新城縣志大祲昌化縣志夏旱疫湖壖雜記是年旱魃久虐水澤皆枯

湖底泥作龜裂塔頂烟𤏪竄天俗傳湖中有青魚白蛇之異建塔相鎮大士鬬之曰塔倒湖乾方許出世居民驚相告曰白蛇出矣互相驚懼後得雨湖水重波塔烟頓息人心始定

賴鼎臣妻金氏年百歲（康熙志）

十五年旱飛蝗集地數寸草木呼吸皆盡歲洊饑民强半餓死（北隅掌錄）

府同知耳房火延及府堂兩廊俱燬（仁和縣志）

春夏米貴民不聊生（海甯州志）

秋大饑民多疫死者枕藉杭城尤甚（陸岳見聞錄）

十一月長至大雷電是日如溽暑夜即嚴寒大雪（康熙錢塘縣志）

十二月海甯城東三里橋有魚孽偃於沙長二十餘丈高三丈狀

若象人呼爲海象爭割之不盡流腐及秧田人有取其骨歸者巨若棟梁海甯州志

十六年轉運司耳房火延及聽事未幾布政司聽事又火後昭慶寺又燬仁和縣志

十七年獵人置得一鳥人面鳥身四足二翼仁和縣志 厲鶚東城雜記十六年癸未杭有海大鳥人面鳥身四足二翼集於城東門陳處士際叔曰此鵸也所見之國多啟土因自號鵸容又稗販亦載此事云六翼四足順治二年又至形稍異馮山公記之

按東城雜記作十六年與仁和志異錢塘志載此事亦作十七年今從之

於潛歲大饑野有餓莩於潛縣志

夏五月星隕如雨凡二十四日夜中星斗交飛或逆或順或有聲而墜或無聲而隱康熙錢塘縣志

十二月初三日夜杭州雷二申野錄

杭州府志卷八十四終

祥異四

國朝

順治二年旱康熙錢塘縣志　大學士黃機祖母蔡氏百有四歲浙江通志

城吟自永昌門至清泰門聲如破鑼自南而北凡三日乃已康熙錢塘縣志

五月翰林陳之遴門外石獅夜吼康熙海甯縣志

六月有鳥止于杭之慶春門上三日足如小兒面若老人形其鳴曰朱朱蓋鴸鳥也遇異解眷集

六月八日大雨風拔木貢院東西牌樓及弼教坊俱毀康熙仁和縣志

閏六月錢塘江潮連日不至定國大將軍和碩豫親王多鐸進取浙江駐營江岸敵兵見之以爲潮至必淹沒乃江潮連日不至鷩爲神助相率納款皇朝文獻通考

八月杭州府梅花大放柳生桃如栗大至壬辰八月桃花大放皆花妖也是年夏燕卿雛棄之至塘棲皆然仁和縣志

是年虎入城康熙錢塘縣志

三年南北山栗樹生桃實如毛桃而小紅潤無核康熙錢塘縣志

杭州桑樹生蝸牛食葉及豆苗海甯亦然浙江通志參海甯志

大潮自此年始歷四十餘歲江潮甚大遠方至者夜聞多恐仁和縣志

五月錢塘江水淺可涉

大軍征浙東都統圖賴等策馬徑渡（皇朝文獻通考）

四年四月大無麥米涌貴（海甯志）

五年有羊三足叉餉部前有豬一首三耳八足兩尾生而猶活雞生四足（康熙仁和縣志）

冬至前三日鳳凰自海鹽至海甯向西北而去萬鳥隨之約二十餘里（海甯志引張林雜組）

六年春二月二十日海甯縣下黑雨如墨（浙江通志參海甯縣志）

六月地生白毛空室僻地尤多（康熙錢塘縣志）七月蝗（海甯州志）

九月十五日北高峯崩（康熙錢塘縣志）

七年江水有光夜望熒熒如星散走閃爍不定（康熙錢塘縣志）

七月初六日熱甚午後天無雲忽飛雪極細著物即化康熙仁和縣志

八年三月馬蛟魚隨潮而至乾隆志引舊志

五月水傷禾苗漂沒田廬甚衆斗米五錢昌化縣志

九年六月杭州見日中有物吐出體勢輕揚向西飛二十三日復見或曰此天花也浙江通志

十月十五日大雷電康熙仁和縣志

是月虎至慶春門外斃之康熙仁和縣志

十年四月大星移星形如車輪芒角四射數十小星隨之由西北越東南時天已黎明康熙錢塘縣志

是月浙江杭州府巨獸食虎餘杭諸鄉多虎患一日太璞山有巨獸高八尺長丈餘紫鬣白身黑尾逐

虎食之虎患遂息皇朝文獻通考　餘杭縣志云順治十年四月餘杭諸鄉有虎害邑之太噗山前後忽見一巨獸馬形高可八尺長丈餘紫鬣披猩如旋白身黑尾人不敢近嗣是虎患頓息歷四月五月不知所之蹤跡向所食虎處唯見虎頭三四具及殘骨而已

六月大旱海甯州志　八月初三日有青龍見于西湖天無雲及去始有雲護之浙江通志

十一年四月初五日黎明杭州地震康熙仁和縣志

是月有虎入城踞雲居山獲之康熙仁和縣志

十二年旱大饑康熙仁和縣志　按戶部咨覆是年錢塘仁和等縣被災免賦有差

四月朔海甯潮溢沙崩逼城下海甯縣志

十三年六月螟乾隆志引舊志

七月佑聖觀火藥局災搗藥臼中火燃諸礮盡發斃數十人皮膚剝爛者無算錢塘學署方閧聲忽二黑幔自空而墮聖宮亦燔康熙錢塘縣志

九月二十九日海甯熙春門外獲虎海甯縣志

十四年秋七月富陽縣地震富陽縣志

秋七月訛傳有紙人入民家多書縱縫字鎮之康熙仁和縣志

十一月二十八日杭州大雷電一冬無雪浙江通志

十五年二月二十八日午後雨泥木康熙仁和縣志

按乾隆志引作正月

十月朔海水溢于河海甯縣志

十七年六月蜆海甯縣志冬昌化縣竹生實昌化縣志

十八年顧端妻錢氏壽百有四歲乾隆志引舊志

按康熙志云明顧端妻錢武肅王裔孫女壽百四歲有司旌曰百歲坊不書何年乾隆志引舊志列入順治十八年蓋以是年旌坊端明末人

馬有成妻丁氏壽百有一歲兩女出嫁者皆壽考一堂五世及見曾元無疾而終康熙志

按康熙人瑞志載此不書何年乾隆志引舊志列入順治十八年

餘杭殿小郊妻高氏壽百有二歲順治間官旌其門康熙志參餘杭縣志

按康熙人瑞志載此亦未書年今仍從乾隆志

是年於潛饑巡撫朱昌祚題蠲額課有差 於潛縣志

六月海甯大旱 海甯縣志　舊錢塘志云順治十八年旱災越數千餘里草木皆枯死

六月初十日日下有黑子 康熙仁和縣志

夏昌化旱民饑賴采竹實及鋤蕨根杵粉以食 昌化縣志

順治間杭城汕局橋詹某女七歲病殁殁時以手摸口口邊鬚隨手而出三將長數寸 曠園雜志

康熙元年春浙右大饑餘杭尤甚餓殍載道 餘杭縣志

三月二十一日大雨雹 海甯縣志

八月初三日颶風三日夜 乾隆志引舊海甯縣志

康熙初東河之新橋杜下忽出兩蛇相鬬移時不解觀者漸衆橋忽崩壞斃者數十人傷者數十人蛇亦不見厲鶚東城雜記

三年慶忌塔忽圮中露千百小塔與大塔同皆有梵書見者一時取盡陸雲士湖壖雜記康熙錢塘縣志是年慶忌塔傾

六月三日海決入城濠二十六日飛雪八月三日海潮大溢海寧縣志

是月錢塘烏山雷擊赤蜈蚣長尺餘有兩翅如蝙蝠□□□述異記

四年十月東苑民家開牡丹一枝梁履栖山齋客談按就杭人東苑杭地山

五年春三月夜星隕富陽姚家坂屋後聲如雷村民隨發地中已成石大如斗色青黑腰有線紋纏灼爍有金光解送會城撫院按驗時中丞蔣公令於轅門內試斫之刀刃不能損復令周以炭熾

鎔之火盡益堅遂收貯藩庫富陽縣志

十二月大火一晝夜延燒七里燔民居一萬四千四百餘家斯如坊有長者翟萬言年八十餘七年之間三失火矣至是嘆憤誓與俱燼其子祿科泣諫不從甘心殉父時風急火熾煙焰驟至其孫文舉不見祖父即奔入妻止之文舉曰身親之身也豈有祖父在烈焰中而忍置之乎奮身蹈火火已三骸俱存文舉跪祖前猶作勸行狀觀者莫不錯愕贊嘆康熙錢塘縣志

按浙江通志載此事列入四年

六年夏杭州蝗不為災浙江通志

五月府城駒教坊內駐防營一披甲家產一小牛二頭四角四足

二尾嘯園雜志

六月二十七日海甯城西馬牧港飛雪海甯州志

秋八月旱康熙仁和縣志

十月昌化大風雹傷麥苗昌化縣志

七年三月艮山門外有異鳥集村樹上人頭鶯眼鳥身鵝足高三尺毛花白又集於東園民屋上羣鳥角而噪之仁和縣志

六月十七日杭州地震浙江通志 康熙錢塘縣志云是年六月地震生白毛仁和志云是月二十四日夜地裂屋棟撼搖礫礫有聲次日徧地生毛卽空舍亦然

秋大水康熙仁和縣志 乾隆志引舊志秋大水海甯湖溢

七月二十日地震康熙錢塘縣志

臨安縣地生白毛長尺餘臨安縣志

是年城中大火湖壖雜記

八年新城大有年新城縣志

正月天狗星見兩頭銳空中有聲如雷光如掣電自西而東康熙錢塘縣志

六月海甯龍風爲災海甯州志　乾隆志引舊志六月龍見於洛塘雨大風拔木

秋八月旱禾將收初六七日連雨苗葉間出細蟲不知何名嚙禾莖盡折康熙仁和縣志

冬昌化大雪平地三尺行人有凍死者昌化縣志

九年水康熙錢塘縣志

正月二十八日雪夜流星光燭地聲如雷乾隆志引舊志

閏二月新城縣署旌蓮亭前桃樹開謝結子後近池樹上獨重發一蕚四葉承之大可寸許瓣出若蓮絕不類桃鬚及片數皆以十越十日不謝新城縣志

四月大雨連日河水溢禾稼渰死海甯縣志

六月十三日大雨河水復溢海甯縣志

十二月二十四日立春大雪盈尺至明年四月六日雪始消盡乾隆志引舊志

十年旱康熙錢塘縣志　按富陽志是年旱海甯志大旱赤地臨安志亦旱大饑於潛志大饑自五月至八月不雨高下田無粒收者

四月大星隕形如車輪芒角四射下帶數十小星由西北越東南直過桐江康熙錢塘縣志

五月二十四日大火康熙錢塘縣志

新城大旱兼蟲災新城縣志

秋昌化縣蟲災昌化縣志

十一年錢塘莫有春百歲浙江通志

按乾隆志據縣册列入乾隆四年

四月二十二日錢塘西北鄉孫姓屋上有物頭銳喙長上身赤腰以下青尾如鮮發聲如霹靂向西南去尾上火光迸裂如鏟之埽天數十里聞其聲時日天狗述異記

旱康熙錢塘縣志

秋杭城火燒五千餘家一日夜不熄隆岳見聞錄

閏七月水淹沒杭嘉湖三府州縣其未淹者天忽雨蟲飛食米穗有聲如雨田禾俱盡康熙錢塘縣志

按乾隆志引巡撫范承謨疏秋七月蝗不爲災與錢塘志歧

八月海甯霖雨傷稼生螟海甯縣志

餘杭八鄉七八月間霪雨忽生青黑蟲食稼殆盡又有蟲嚌食蠶子一空餘杭縣志

十二年正月六日富陽大雷雹乾隆志引舊志

九月十九日大風火起自鹽橋東一晝夜焚房屋七千餘間焚死

男婦二十餘口過十餘里東城爲之一空康熙錢塘縣志參仁和志

冬十月霖雨至十一月中始獲稻乾隆志引舊志

十三年錢塘杜榮德妻王氏壽百歲康熙志

正月海甯霖雨至四月海甯縣志

夏淫雨自四月雨至六月初始晴仁和縣志

十四年四月十八日富陽江口陸山夜墜二星如雷入地三尺掘地得二石各重四斤儼然金也徐涵之云落星爲金甲兵林林適有甌閩之變西河詩話

閏五月於潛少溪黃塘地方雨豆竟夜豆比黃豆差小其大者似蓮子入淤泥水中即化土人取以磨腐及炒食甚香甜又昌化亦

雨豆皆解赴省中曠園雜志

六月海甯旱海甯志

十五年四月霖雨至五月害菽麥海甯志參浙江通志

是年旱康熙錢塘縣志

聊雉莊壽民陸世華百有一歲富陽縣志

靈泉莊壽民張士明百歲同上

大源九莊壽民章天進沐亥五世同堂同上

十八年大旱獲玳瑁於江乾隆志

餘杭南渠河水涸往來者于河底陸行達省禾稼盡枯饑民掘土羮食名觀音粉餘杭縣志

十九年庚申四月望日錢塘江岑石復見是日海潮自東小亹入捲漁浦浮石自西逆潮而下望之如覆舟稍近則石也長三丈餘康熙錢塘縣志

昌化縣大雪連綿四十日昌化縣志

二十年春富陽大雪夏大水富陽縣志

五月十八日昌化大水昌化縣志

二十一年夏五月富陽大水六月又大水秋無禾是年疫癘多虎暴富陽縣志

二十二年正月至四月久雨浙江通志參海寧州志

大無麥仁和縣志參海寧州志

四月海甯鳳凰山海濱有魚導長二十餘丈無鱗有白毫人呼海象（海甯州志引黃承璉續志）

五月十一日昌化縣大水無麥（昌化縣志）

五月旱至七月方雨（康熙錢塘縣志）

富陽縣有秋（富陽縣志）

二十四年有僧九人從餘杭入臨安於潛昌化盡化爲虎害人臨安三昌化四於潛二（述異記）

二十六年海甯陳雲生母林氏壽一百八歲（海甯州志）

二十九年二月杭州地震（康熙錢塘縣志）

三十年長前鄉民湯桂發妻一產三男（於潛縣志）

三十二年夏大旱自五月至七月方雨（康熙錢塘縣志　龍井見聞錄載龍井寺張士偉禱雨記云康熙癸酉五月中旱所在設壇禱雨至六月初一日撫憲諭各處行香余往龍井虔禱初二日杭城雨）

六月仁和皋亭山驟風雨龍與犼鬥龍吐冰雹犼吐火所過樹皆焦燬冰雹厚者積一二尺至錢塘江而沒（述異記）

按據龍井見聞錄則五月旱六月初已雨據述異記則六月且大雨雹矣乾隆志作正月旱至七月方雨

三十三年海甯北門外民家生豬二首一首二目一首一目在頂而八足（述異記）

十二月初八日九曲巷民家火延燒至草橋門約七里許自午至酉方止（康熙錢塘縣志）

三十五年富陽漁戶獲一龜徑三尺頭有角頷下有鱗四翼翼如鵝鴨之翅而無毛獻之撫軍命畜之玉泉（述異記）

三十六年夏旱至秋方雨一雨即霜禾多不實（於潛縣志）

三十七年波前鄉民章兆口一百歲（於潛縣志）

三十八年閏七月大雨南北兩山洪水驟發西湖水平高丈餘裏外兩隄俱淹沒行隄上者深過腰膝山澗衝出棺槨無數城內西北民居水深數尺三日始退（康熙錢塘縣志）

夏海甯旱秋水大饑（海甯州志）

十一月仁和大雄山有白虎頂有獨角率四虎行林間數日而去不傷人畜（趙彪談虎）

十二月二十日仁和潘村天雨紅豆匝一二里大如黄豆述異記

四十一年海甯長安鎮定香橋民周思桃家生一豬三目六足一目在額二足在腹述異記

二月十八日天竺寺大白雲房起火延燒禪堂時進香男婦俱宿寺中昏迷奔竄死者甚衆康熙錢塘縣志

秋大旱康熙錢塘縣志

四十六年海甯大旱饑是年旱連數郡長水河底乾坼海甯州志

夏昌化無麥將熟積雨一月麥盡爛昌化縣志

四十七年夏五月大水康熙錢塘縣志

七月初八日寅時颶風大作驟雨傾盆鼓樓及貢院同時崩圮民

屋瓦亂飛大木偃拔康熙錢塘縣志 乾隆志據塘鈔是月狂風暴雨屋廬傾圮田禾盡被災

海甯縣饑海甯縣志

四十八年秋飛蝗蔽野歲祲康熙錢塘縣志

臨安縣水臨安縣志

五月[illegible]嘯康熙錢塘縣志

是年海甯縣饑海甯縣志

四十九年海甯薦饑海甯縣志

新城大祲海甯縣志

五十年海甯何道選妻李氏壽百歲知海甯縣事何大祥表其門海甯州志 按乾隆志引縣册列入十二年今據州志更正

五十二年秋七月旱康熙錢塘縣志

五十三年錢塘等州縣旱撥米賑濟並按分數免賦皇朝通志災祥

正月初八日巡撫衙門災康熙錢塘縣志

五月十八日風雨海嘯上江順流浮尸無數康熙錢塘縣志

六月二十三日太平橋民家火延燒至東青巷河下燬民居數百家午時起歴二更方止是日黃昏府前四條巷火兩縣衙門俱燬火幾達旦康熙錢塘縣志

五十四年夏初水災秋又旱康熙錢塘縣志

四月海甯大露雨風潮陡發海塘坍陷海甯縣志

五十五年夏五月昌化大水昌化縣志

六月初一日日旁有黑雲側露五色暈數十道至初六日止或日日華或日祲氣康熙錢塘縣志

五十六年四月十五日星變異光燭野起東南亘西北其形如船康熙錢塘縣志

五十八年錢塘等州縣旱撥米賑濟蠲免額賦皇朝通志災祥畧

六十年杭州府仁和等州縣旱發倉賑濟按分數免賦皇朝通志災祥畧

按臨安縣志云夏秋旱海甯州志云夏大旱苗稿河乾坼數百里

新城大祲新城縣志

昌化大旱自夏及秋三月不雨昌化縣志

六十一年海甯旱災海甯縣志

雍正元年仁和富陽等州縣旱分別免賦皇朝通志災祥略

夏大旱河坼粒米不收海甯縣志

二年沿海州縣潮災發帑賑濟皇朝通志災祥略按乾隆志引海甯州志二年七月海潮溢塘隄潰決

春霪雨連綿縣災於潛縣志

仁和等縣水衝沙壓場地災皇朝通典

夏海甯旱海甯縣志

七月十九日海甯大風雨海決淹沒農田東南西路近海處尤甚漂去室廬無算郭店袁化諸橋梁無一存者海甯州志

三年夏五月昌化大水昌化縣志

四年仁和等州縣水皇朝通典災祥略

八月昌化縣三都稻一莖兩穗昌化縣志

五年臨安出蛟山水陡發餘杭新城二縣亦被水浙江通志

十月進瑞穀皇朝文獻通考浙江通志錢塘仁和農民獻水田瑞穀一莖兩穗三穗巡撫李衛具題奏進

七年九月初五日錢縣塘民邵攀桂妻吳氏一產三男浙江通志

波前鄉民謝文進一百歲浙江學政汪漋給期頤上壽額於潛縣志

八年五月十三日五色慶雲蔚起吳山頂上異采繽紛祥光照耀自寅至卯萬目羣瞻懽忭稱慶浙江通志

夏昌化無麥昌化縣志

八月初二日錢塘縣民楊天成妻嚴氏一產三男浙江通志

八月海甯大雨雹海甯州志

九月昌化櫻桃花開昌化縣志

十九日仁和縣民王錫九妻一產三男浙江通志

九年杭州府獲白鹿皇朝文獻通考浙江通志九年六月十八日昌化縣太平鄉獲麥之場白鹿自來耆老聚觀駭稱上瑞因獲以獻

海甯縣蟲災道光海甯州志

七夕富陽江水暴漲田禾被淹富陽縣志

十年海甯螟饑海甯州志

十一年三月海甯雨雹海甯州志

冬海甯饑海甯州志

乾隆元年仁和錢塘等縣水免正賦及漕米有差盛朝蠲災祥略志

昌化大有年昌化縣志

二年昌化雨豆昌化縣志

四年三月二十四日巳刻昌化縣地震聲如雷鳴屋瓦皆動昌化縣志

五年臨安大水壞民田廬臨安縣志

七年海甯汪聖基妻洪氏百歲海甯州志

八年八月二十四日昌化地震昌化縣志

九年二月海甯雨雹海甯州志

七月昌化縣大水平地成爲巨浸漂田畝廬舍無數昌化縣志

初七日富陽江水暴漲田禾被淹富陽縣檔案

十一年杭州府野蠶成繭皇朝文獻通考

仁和鄒元傑百歲乾隆志

海甯徐式山妻馮氏百歲海甯州志

十二年五月十八日昌化大水牛疫昌化縣志　七月海甯大小山圩潮溢海甯縣志

十一月初一日中小亹一夕開通海甯縣志　海塘通志中小亹衝開引河大溜經由故道南北兩岸皆成坦途

十三年夏五月富陽大水過城高三尺富陽縣志　臨安旱米價每石三兩臨安縣志

昌化牛疫殆盡夏饑斗米三錢昌化縣志

十六年海寧旱朘海寧州志

富陽縣旱無禾乾隆志

七月海寧富陽餘杭臨安昌化及杭州衛旱乾隆志據巡撫永貴疏

八月仁和場竈地蟲災錢塘縣竈地旱乾隆志

十七年七月山水驟至仁和海寧下田水淹乾隆志

十九年錢塘應重華壽百有二歲乾隆志

二十年杭州府所屬州縣水皇朝通志災祥略

臨安蟲災害稼米價每石四兩五錢臨安縣志

新城大祲乾隆新城縣志

秋海甯大風傷稼海甯州志

二十一年臨安有虎患傷人近城爲患臨安縣志

秋上江洪水泛漲至富陽縣一尺有奇田禾盡沒乾隆志

錢塘陸某妻吳氏百有五歲乾隆志

鸎峰莊民人朱學楠五世同堂夏啟賢妻朱氏五世同堂長

春莊氏人徐永祚永佳俱五世同堂富陽縣志

按縣志稱永祚永佳係胞兄弟一年九十四一年九十一以

上三家俱乾隆時人

坊郭鄉金羽鳳妻沈氏一百歲於潛縣志

二十二年新城南新東洲兩鄉虎類傷人新城縣志

二月晦海甯溢不爲災東北鄉稍甚海甯州志

二十三年海甯夏秋霪雨傷蠶及棉花海甯州志

冬海甯無冰雪海甯州志

二十六年夏多雨七月十九日大風雨山水驟至仁和下田被淹乾隆志

仁和包某妻陳氏百歲乾隆志

二十七年七月大風雨山水驟至仁和錢塘海甯餘杭及杭州衛

仁和場民屯田地竈被淹乾隆志

海甯吳祥天妻沈氏百歲海甯州志

二十八年坊郭鄉西壽民金五玉一百歲於潛縣志

二十九年波前鄉童應誥妻章氏一百二歲於潛縣志

三十四年夏霪雨淹浸仁和錢塘杭州衛下田乾隆志

三十五年七月大風雨山水江潮並至仁和海甯低田被淹乾隆志

三十九年錢塘葉正元妻胡氏百歲乾隆志

四十年海甯徐殿公妻王氏百歲海甯州志

六月旱九月兼旬不雨夢泉碑記

四十一年七月蝗蝻生仁和四堡錢塘沿江不害稼乾隆志 三寶捕蝗節略

乾隆四十一年七月余以勘海甯老鹽倉塘工至仁和四堡見有蟲跳躍詢之土人無知者令人撲取與北方蝗蝻無異因告以蝻子雖旱地所生有翅即能飛赴水田亟令搜捕頃刻積數十觔擒至慶春門告司道及杭府州縣並令親勘而仁和沿海新陞刈草沙地遍處皆蟲孳矣余告以捕蝗不力定例甚嚴而捕蝗之法宜於五更露水未晞蝗蟲垂翅不飛乃易於撲滅即於七月初九日

五道州縣役標兵撲捕並教以刨溝捕撲之法捐給飲食司道府縣亦多集民夫約三千餘人令文武官分行搜捕并令居民能捕蝗者或積與錢或滿布袋按斛以給錢每日獲七八千斛至萬餘斛將軍亦率駐防官兵協同搜捕至十三日而蝗滅錢塘沿江亦間有蝻子並屬道府縣如法撲捕十四十五日甘雨應時不惟蝻孽可泯且復生而新苗益滋長發禾稼曾無傷損是以未經入告且稔知蝗蝻一母百子必須冬臘大雪始不復發是年冬雪積尺餘四十二年夏秋復令司道州縣搜訪而蝗蝻無遺種矣北方向祠劉猛將軍能驅蝗蟲南方祠典缺如撫藩司徐君恕謂向日杭州之祠劉猛將軍者仁和之崔駝橋下新廟五福新廟六甲廟五福廟錢塘之西渡廟資福廟王安寺良戶廟荀山廟共十所始請並歲春戊秋庚各於司道庫存留閒款內給銀陸兩知縣牲醴致祭用昭祈年報功之典云

按三賓捕蝗節略言撲蝻子至慶春門非慶春門外有蝗也乾隆志舊作蝗生慶春門外非今正

四十三年仁和場潮沒竈地　皇朝通典

四十六年夏新城旱 新城縣志

四十七年仁和場仁和倉三團等處地潮水坍沒 皇朝通典

於潛波前鄉景村民章其熊百歲 於潛縣志

四十八年仁和場扶基等田續被潮水衝坍 皇朝通典

四十九年餘杭西北里人張彥功百歲 餘杭縣志

五十年海甯州民顧均玉一百一歲顧武恭一百四歲 皇朝文獻通考

新城大有年 新城縣志

江浙秋旱成災西湖淺涸 魏成憲年譜 仁和朱文藻苦旱詩自注云今歲入梅以前久不雨西湖涸盡但見對泥坼裂如龜紋又云榆樹剝皮葛根舂粉以充食老穉撥去苦汁雜米煮食之又山粉俗號狠茸粉飢民成羣搜掘爲食

五十二年丁未五月二十七日獅虎橋民家產子一胞四男 樂衆匯立

五十六年辛亥鎮海樓災黃士珣北隅掌錄

五十七年錢塘周書章妻沈氏百歲五世同堂錢塘縣冊

嘉慶元年丙辰十一月十六夜月有食之熒惑與木星同度躔於牛女之次夜半吳山火燬四千餘家死者百數十人空中見神燈二郭麐靈芬館詩集麥賡揆萬谷詩鈔

按馬履泰秋藥庵詩集亦云是夜四條巷火延燒三千四百九十五家死者百餘人

大雪謠云嘉慶元年積雪齊簷臨安縣志

三年戊午春三月杭城十武奎巷火延及元妙觀玉皇閣元妙觀志

於潛川前鄉竺三村山裂廣丈餘長竟隴於潛縣志

五年正月新城大雪十餘日平地丈餘新城縣志

五月大霖雨山田被沙石湮沒者以千計於潛縣志

六年七月風雨大至錢塘餘杭仁和富陽等縣山水并莊田地場竈多被淹沒雷塘庵主弟子記

七月新城大水新城縣志

九年海甯程遠章妻徐氏一百二歲硤川續志

五月江浙大雨水浙西三郡被災禾之已種者爛於水六月水退補栽秋禾大熟有一莖三四穗至九穗者阮元揅經室集

夏久雨損稼米貴杭城採訪錄

三四月間仁和錢塘海甯餘杭臨安等州縣陰雨連綿麥豆被淹蠶絲歉薄（雷塘庵主弟子記）

十三年戊辰五月閏五月雨水過多米價翔貴仁和錢塘等縣積水未消不及補種（魏成憲年譜參巡撫阮元奏疏）

閏五月新城大水（新城縣志）

十四年新城大有年（新城縣志）

十五年新城大有年（新城縣志）

十六年夏新城旱（新城縣志）

十九年甲戌杭州鄉民趙振鯨一百歲（梁紹壬隨筆）

仁和錢塘海甯餘杭臨安於潛旱（卹政奏案）

夏新城旱新城縣志

二十一年丙子七月清河坊火延三四里燔民居數千家布市巷打銅巷焚斃屍骸甚多鎮海樓燬陳鸞飛紀災詩注

道光元年大疫雞翅生爪富陽縣志

二年海甯朱元俊妻褚氏一百二歲海昌備志

海甯等四州縣災東華續錄

三年癸未新城昌定鄉人黃雁書妻徐氏壽百歲新城縣志

仁和錢塘海甯富陽餘杭水災卹政奏案

秋霖雨西湖詁經精舍移祀三制碑

五年海甯等州縣禾苗被風卹政奏案

八年五月浙西蛟大作錢師曾秋後書懷詩注

冬旱九月不雨至明年春乃雨富陽縣志

十一年秋冬水潦農民不能種麥錢師曾詩注

仁和錢塘被水成災卹政奏案

十二年八月十六日夜天竺山中出蛟張廷濟桂馨堂詩集

八月二十日風潮大作衝圮海甯及仁和海塘木棉地被淹四萬餘畝金應麟秀華堂文鈔

是年旱歲歉收米騰貴富陽縣志

十三年杭州饑武林人物新志錢栻傳

十四年大旱杭城採訪錄疫富陽縣志

十七年除夕大雷雨杭城採訪錄

十八年閏四月二十四日民間訛言飛土過度犯之不祥是日亥時日躔胃土度塡星躔氐土度日加未闔城閉戸路絶行人守土官司徹夜巡防至曉方止虞之瑩詩注

二十一年十一月杭州大雪厚丈餘至次年四月始銷盡壓圮屋舍傷人甚多陸以湉冷廬雜識杭人相傳是年十月三十日大雪至十一月初十止平地丈餘街衢中開一道雪堆左右闤肆之門爲閉壓圮民居無算西湖堅冰冰上可通行人

二十二年六月竹竿巷口民居火延燒一千餘家兩日始熄梁文莊舊第燬杭城採訪錄

二十三年九月二十三日夜六和塔災錢塘採訪錄

二十六年六月夜半地震富陽縣志

二十七年八月二十五夜大雨狂風城西十五里西菩靈濟山半灣心中忠靖王廟神座下出蛟漂沒大殿拔倒大樹數株於潛採訪錄

秋大旱富陽縣志

二十八年仁和等縣水吳文節公年譜

十月大雪深積八九尺明年二月始消臨安縣志

二十九年夏大水餘杭臨安富陽田地水衝沙壓石積仁和海甯尤甚鄭敦奏案

定鄉水尤大衝圮廬舍淹斃人畜錢塘採訪錄

七月於潛城西北五十里白沙關地裂聞龍吟呼號之聲振動山

谷居民駭徙三日後蛟發廬舍盡沒地陷爲坑（於潛採訪錄）

三十年六月雷擊巽蛇於大名山五色斕斑頭有肉角粗逾人股長不滿四尺（天竺山志）

八月十四日大風雨晝夜不絕天竺山中蛟出大木皆拔山谷摧陷（同上）

秋仁和等縣禾苗先被水淹繼又久旱成災（吳文節年譜）

是年鎮海樓災延燒三千餘家（杭城採訪錄）

新城郎本初妻袁氏百有九歲（道光新城縣志）

新城駱培妻唐氏三十守節壽九十一五世同堂（道光新城縣志）

按縣志與郎袁氏均未詳何年因附此

咸豐二年十一月地震採訪錄下同

三年二月地大震同上

三月初九夜地大震窗櫺屋瓦搖撼有聲廚中甌椀皆鳴富陽縣志

四年仁和錢塘富陽餘杭新城水旱風潮爲災卹政奏案

五年正月十一月俱地震屋牆破裂河水沸騰富陽縣志

六年二月二十一日寶石山崩天大雷雨樹石皆墮六月旱河水盡涸七月初六日大雨補種稻秧立秋前一日尚半稜秋後一日顆粒無收採訪錄

仁和錢塘海甯餘杭新城旱富陽臨安於潛昌化水旋又被旱成災卹政奏案

七年九月朔蛟水爲災臨安縣志

夏亢旱秋蝗富陽縣志

八年夏長星竟天採訪錄

九年杭州府旱仁和錢塘兩縣餘杭水溪塘衝缺卹政奏案

十年正月間於潛鬼車夜鳴灑血滴物盡赤清明日未暮鬼哭聲徧野及古廟中聽之如聚議者六月間粵匪始入縣於是連歲焚掠邑人殆盡於潛採訪錄

二月十九日杭城大雨午前晝晦一時許是日粵匪始至掠武林門外二十七日城遂陷杭城採訪錄

秋大源山號富陽縣志

十一年冬十二月大雪兼旬平地高五六尺山中幾數丈居民避寇山中無處覓食餓斃無算（富陽縣志） 大疫（臨安縣志）

同治元年夏秋疫時大兵之後繼以大疫死亡枕藉邑民幾無子遺（臨安縣志）

二年大疫（富陽縣志）

三年饑（富陽縣志）

四年五月二十四五等日大雨閱七晝夜不絕杭府屬低田被淹（卹政奏案） 中防江塘崩壞鹹潮灌入內河閱三月始淡（採訪錄）

夏大水沒城（富陽縣志）

六年海甯富陽餘杭臨安於潛昌化水旱風雹潮蟲為災（卹政奏案）

夏亢旱并有野豬蹝食禾苗又遇蟲傷其災南鄉尤重東次之於潛縣志

七年五月霪雨爲災平地水深丈餘西北鄉尤重東南次之衝毀橋屋隄堰不少於潛縣志

八年夏秋霪雨於潛縣志

十年二月二十九日戌刻杭城雷電雨雹大者如拳暴風拔大木牌坊旗杆所在吹折餘杭縣風雹尤烈衙署倉廒民居坍損無算巡撫楊昌濬奏疏

城中大雨雹江陰里陸姓婦人一產三胎富陽縣志

三月二十二日天氣晴朗將晡雷聲殷然有大風從西來如萬馬奔馳如怒潮洶湧黑雲壓簷大雨如注屋瓦盡飛約炊許始定各地同日

被風而杭州紹興尤烈陸心源雜記

十二年五月雷震餘杭縣署照牆通濟橋城樓雨血餘杭採訪錄夏亢旱於潛縣志

光緒元年杭州府屬自夏徂秋水旱相繼風從蟲蝝傷稼仁和錢塘海甯災尤重賑政奏案

二年餘杭於潛縣水餘杭南湖隄圮賑政奏案六月十四日大雨水發餘杭臨安山中决損隄防橋梁淹沒民居乘船入市採訪錄

夏秋間大雨臨安縣蛟發二十七所北鄉有二山忽合而爲一臨安縣志

七月訛言有妖人幻紙人夜入人家剪辮髮有被魘徧體青腫者城鄉居人驚號徹夜鳴鉦相續月餘始息杭城採訪錄

三年五月二十一日大雨三晝夜田禾淹沒石積秋間并有蟲傷東鄉較重西北次之於潛縣志

六年庚辰皮市巷民家豕生象杭城採訪錄

七年富陽將一山母吳氏百歲富陽縣志

八年二月二十三日雷震餘杭縣署大堂餘杭採訪錄

五月餘杭縣民家豕產白象餘杭採訪錄

五月二十三日徑山出蛟雙溪鎮人有溺死者錢塘化灣陰山龍崗等塘餘杭月灣塘衝圮各數十丈田廬淹沒錢塘餘杭採訪錄　大雨蛟

水陡發平地高丈餘女兒同慶盛村諸橋俱衝損於潛縣志

九年癸未秋瀨山一帶天雨雹大風拔村屋富陽縣志

十一年五月初三初五兩日夜大雨大水田廬隄堰被衝於潛縣志

十二年七月大水害稼西南一帶更甚富陽縣志

十四年春大源山中天雨雹大風拔村屋章村紫閬壺源各山出蛟七十餘處淹沒廬屋人畜無算橋梁盡毀富陽縣志

十五年自八月至九月霖雨四十七日晚禾盡淹同上

秋靈峯里戴姓婦人一產四胎富陽縣志

十六年三月三日富陽雹大如斗西南各鄉大木盡拔木葉皆如火灼富陽縣志

六月初二日大風傷禾秋復傷蟲於潛縣志

十七年冬無雪富陽縣志大寒河水氷堅數尺上可履人臨安縣志

十一月大風寒甚河水盡氷十二月大雪平地五尺同上

十九年秋鳳凰山崩採訪錄

二十年夏秋旱於潛縣志

二十四年夏米價踴貴斗米須錢八百枚至秋收稍平富陽縣志

十一月初四日郡城水星閣儲藏火藥所火藥轟發屋宇一空蕩成大穴震坍民居三百餘家壓斃數十人樂荓錄

二十六年三月晝晦杭城採訪錄

十一月十二日夜大雷電雨臨安縣志

二十七年五月大水過城高一尺上流漂沒人畜棺木無算壺源各鄉蛟水壞田廬（富陽縣志）

於潛波前鄉太陽客民棄起一百歲（於潛縣志）

三十年十二月雷（臨安縣志）

三十一年日中有黑子（臨安縣志）

三十二年饑（臨安縣志）

三十三年夏大旱螟蟲傷稼多火災（臨安縣志）

宣統元年夏五月大水壞民田廬六月大旱（臨安縣志）

二年富陽餘杭蛟水暴注不及宣洩田禾盡被淹沒富陽西南壺源地方六月大雨水暴發廬舍衝壞並淹斃男女數十口錢塘上

四鄉田禾被淹巡撫增韞奏稿

杭州府志卷八十五終

（清）魏㟲修　（清）裘璉等纂

【康熙】錢塘縣志

清康熙五十七年（1718）刻本

錢塘縣志卷之十二

錢塘縣知縣南樂聶心湯纂

災祥

春秋書災異最亟日食若霜雹螟螽鸜鵒來巢六鷁退飛之類亦往往附見雖不言徵應而勉人主恐懼修省之意亦寓於其中錢塘一邑耳凡災祥之所被亦廣矣何取乎・撮土之志爲然而上見於天下及於地中被於昆蟲草木不可謂無與也水旱疢民之大者回祿之患茲土獨多仍舊志一一分別記之志災

祥

水旱 按蘇文忠知杭州祈雨吳山文有曰杭之爲郡山澤相半十日之雨則病水一月不雨則病旱則茲土之水旱易病於他邑可知矣

吳大帝赤烏三年饑

晉元帝大興二年吳郡無麥禾

成帝咸康元年饑

宋文帝元嘉中水 十二年大水有蠲賑

唐代宗大歷元年浙西水災 十年秋七月大風潮溺州民五千餘家船千艘

德宗貞元六年夏大旱井泉竭暍且疫死者甚衆

順宗永貞元年旱時驕陽三十六州

憲宗元和四年浙西旱

穆宗長慶四年秋浙西旱

文宗太和元年浙西大疫　六年疫　四年夏浙西大水害稼　五年夏六月辛卯水害稼　七年秋浙西大水害稼

僖宗乾符三年旱有詔賑

昭宗乾寧三年秋七月浙江水溢壞民居甚衆

宋太宗至道三年旱（知泰州田錫上言杭州荒災狀臣聞彼處米價每升六十五文錢餓死者不少溝渠皆是死人一僧收拾埋藏千人作一坑五十人作一窖云云）淳化四年饑

真宗咸平元年旱（時京師及四十六州軍俱旱）二年饑　五年

祥符六年饑

仁宗景祐四年浙江潮溢（壞堤千餘丈）皇祐二年旱

神宗熙寧元年水　嘉祐六年七月淫雨

哲宗紹聖四年旱　元祐五年水六月大水有[illegible]

高宗建炎二年春正月霖雨（占曰陰盛下[illegible]一年苗劉爲[illegible]）

二十二年夏大蝗

紹興元年二月霖雨壞城三百八十丈　二年二月大雨雹饑斗米千錢時兵餉繁急民艱食詔運江東西上供粟給軍餉以寬浙民　五年虐暑四月十餘日草木盡焦死者甚衆　秋八月大水時天目諸山洪水發突高二丈許衝決塘岸百餘所漂沒屋廬千五百餘家流尸散入旁邑不祿盡腐　八年冬不雨　十四年水　二十八年水　二十九年大螟蝝　三十二年夏六月大蝗　癸巳蝗飛入浙西聲如風雨至七月丙申飛遍畿縣錢塘仁和餘杭皆大蝗　丙午蝗入京城　三十四年四月山湧暴水流民室壞田禾　六月大霖雨　七月大蝗

孝宗隆興元年風水傷稼　三月霖雨壞城郭三百三十餘丈

二年水　七年大饑　乾道元年春二月大饑疫死殍徙者不可勝計

二年春正月霪雨至夏四月猶寒　三年秋

八月天目山湧暴水決民廬二百八十餘家人多溺死

淳熙元年雨　秋七月大風濤　八月大雨水害稼　七月壬寅癸卯錢塘大風濤決臨安府江堤一千六百六十餘丈漂居民六百三十餘家八月癸未行都大雨水壞德勝江漲北新三橋及錢塘仁和餘杭縣田流入湖秀州害稼　三年夏旱　四

年夏五月江堤決秋九月江堤又決　夏五月己亥夜錢塘江濤大溢敗臨安府堤八十餘丈庚子又敗堤十餘里秋九月丁酉戊戌大風雨海濤決江堤二百餘丈　七年

秋七月不雨至於九月羣臣奉命赦繫囚禱山川　八年夏四月疫

自七月不雨至十一月饑　九年夏五月大亡麥春大亡麥

行都饑於潛昌化縣人食草木　六月蝗詔守臣捕蝗焚而瘞之至八月又蝗定諸州官捕蝗之罰復賞修舉荒政監司守臣　十一年秋七月浙西水時米價湧貴下令禁諸州遏糴　十四年夏六月旱　秋七月蝗

光宗紹熙二年饑　四年夏大霖雨自四月至五月浙東西郡縣壞圩田

旹盤麥蔬菜　五年秋八月大水八月辛丑錢塘臨安新城富陽於潛縣大雨水餘杭尤甚漂沒田廬死者無算　冬浙西饑冬無麥苗　十一月辛亥雨

水　六年水　九年饑　十七年饑　嘉泰元年夏五

月大水（三月乃息）　二年大蝗　三年夏五月大旱　開禧元年夏秋久旱大蝗羣飛蔽天　三年夏四月大水浸壞民廬西湖溢頹湖民舍皆圮　嘉定元年五月大蝗　二年夏四月蝗大疫（死者甚衆）　秋九月大饑（殍者橫市道多棄兒）　三年春三月西湖溢（二月嚴衢婺徽州富陽餘杭新城諸暨淳安大雨水溺死者衆圮田廬城郭苗稼皆腐沒行都廬舍五千三百間禁旅壘舍之在城外者半沒於水西湖溢）　秋七月蝗　七年夏四月乙卯大蝗（自夏徂秋蝗患不息諸道捕蝗者以千萬石計飢民競捕官以粟易之）　八年夏五月大燠（草木枯槁百泉皆竭行都斛水百錢渴死者甚衆）　十年冬十月浙江濤溢（圮廬舍覆舟溺死甚衆）　十六年錢塘仁

理宗紹□ 五月霖雨時連雨十日浙西盡沒於□其不沒者
大風潮而至頃刻殆盡杭民渡太湖揚子江就江北者數千餘人皆溺死 嘉熙四年大饑市中殺人以賣路無行人
度宗咸淳元年水 三年秋八月霖雨命擇官決獄訟
年水 十年八月大霖雨
元世祖至元二十四年水 二十五年大水 二十八年饑
成宗大德二年水 六年七年十一年皆大饑官設

中饑民多殍死何長老敬德得同志五六人即善招寺設粥日需米七八石或十石始六月至八月凡七十日飢民無死者

武宗至大元年饑　四年水

仁宗延祐元年水

泰定帝泰定元年大水饑　冬十二月海溢海水大溢壞隄塹侵城郭有司以石囤木櫃捍之不止

文宗天歷元年秋八月大水沒民田　至順元年水

順帝元統元年旱　三年水有蠲賑　至正十三年大霖雨凡八十餘日雨不湖大饑

明太祖吳元年自四月至六月不雨　洪武七年夏六月旱　八年水　九年夏五月大水田淹者九十五頃　十年水　三十年夏六月旱

成祖永樂二年三年水　十一年大風潮　十二年水

宣宗宣德三年夏六月大水行在戶部尚書夏原吉奏主事孫晃自浙江還言杭嘉湖諸郡今夏苦雨江水汎濫田禾淤沒上命郎遣行人往視賑撫浙江大理卿胡概周視水災之處以聞又謂原吉曰水旱爲災所係甚大卿有所聞當悉言之　正統二年饑　景泰五年無麥禾

英宗天順元年秋七月蝗害稼　九月旱　五年饑

四年秋七月雨江河溢無麥禾

憲宗成化元年饑　八年秋七月大風雨江海湧溢　八月江湖溢太子少保兼吏部尚書姚夔言南京及浙江杭州府等處守臣各奏今年七月狂風大雷雨江湧海溢環數千里林木盡拔城郭多頹廬舍漂流人畜溺死田禾垂成亦皆淹損請命廷臣共條所以安民弭患之務　十二年水

孝宗宏治四年水　五年旱　六月大雨水害稼六月二十四日午後大雨如注浙蘇龍井山鳳凰山俱發洪水淹沒田禾衝決雲居山城垣　冬十一月又水　十六年秋大旱米斗三錢

武宗正德二年二月大雨雹　十年冰不衢賑　十

[illegible]大饑[illegible]不雨至十二月

世宗嘉靖元年春旱　三月大水　二年秋七月大風[illegible]八月又風潮　七月初三日處暑時方久旱是日風潮狂雨拔大木約五六十處天湖河等處海水溢漂廬舍數百家衝決塘壩海水倒流城中河水皆鹽至八月初三日大風潮衝去太平門外沙場廬舍千餘所　二年春三月大饑　杭州大饑斗米千錢後增至一千三四有司賑濟稻穀人六斗鄉民奔赴枵腹候二三日飢死倉側及塗間者無算　四年秋九月螽害稼　自八月間蒸熱不解螽生禾根食禾幾盡其翼飛去如黑烟蔽天田禾十損八九　冬十月晦大雷電雨　十年秋七月大雨水浹旬不止西湖溢　十[illegible]四年自春及秋恒雨　十八年自春二月不雨至夏六

井泉皆竭　冬十月有流殍集錢塘江時衢嚴諸府皆大水漂流房屋什器男女至錢塘江者無算　二十二年饑　二十三年大旱無麥禾米石價一兩八錢饑殍載道富者亦食半菽　二十四年大饑疫通浙連歲飢歉百物騰湧米石價一兩八九錢貧民有食草者時知府陳一貫勸富民出粟命僧于鄉都寺觀作粥以哺飢民民飢甚食粥多輒病遂染疫癘死者甚衆人歸咎無擇亂法一貫又以勸借被謗京考貶秩去自是當事者多避嫌疑不敢講求荒政矣　二十五年夏六月大蝗蝗飛蔽天自西北來三日所過田禾草木俱盡　四十年秋七月至冬十月大水無年四五月大雨水南鄉種淹沒借貸補種民力已疲至秋徂冬雨水不止田成巨浸草與[illegible]米湧[illegible]與元吉相望於道陳譜曰吾鄉嘉興閏乙[illegible]辛[illegible]災最甚乙巳米石錢二金[illegible]

戕郭不在濱海細民告匱中人之家向足背給贏予之蓰利半也今西鄉不然斗石俑不滿一金而困頓悲咨棄生業鬻豈非力出於賦役之日繁然凋於生計之凌蕩乎可憂甚矣

隆慶元年水

神宗萬曆二年二月丙辰驟熱雷電　三年夏六月大風潮江海溢是月初一日夜怪風震濤錢塘江岸坍塌數千餘丈漂流官民船千餘溺死人無算海寧亦然鹹水湧入河內運河皆鹹　六年二月至三月恒雨　八年五月大雨水西湖倒注溺金門湖船達三橋址　十五年水　十六年春大雨水夏六月旱大饑瘟疫自三月至五月中雨不止城內外水皆溢沉竈產蛙蠶麥俱無收斗米二百錢死者枕藉鬻妻女者十家而八骸骨滿山谷間　十七年旱疫五月六月大旱瘟疫甚行餓死滿道婦女掠賣過江幾盡　二十四年水、二十

六年水　三十年五月龍井水溢大雨頃刻三四尺漲流嶺下壞廬舍山閘稽衙至飲馬橋轎中婦人與輿夫俱溺死　三十三年六月旱錢塘江沙上十有海鰌首條重數百斤居民斫取熬油是月旱至七月無雨　三十五年夏六月大雨水初三夜大雨嚴州洪水大發漂流男婦衙下錢塘江屋宇全漂燈倘焚燹不燬竹木器皿無算　三十六年夏大雨水四月至五月終大雨數十日不止水驟漲江上水逆入龍山閘進城西湖水溢入湧金門湖舟近抵華光廟城門閉十餘日自清波門至府署水深四尺黃泥潭居民水高逼屋梁餘杭南塘湖為居民淹决水直灌欽賢等鄉一十餘里一夜成丈餘民居蕩盡溺死無算得脫者艤舟以居逾月水勢始退大野若雲漢稍露一二樹杪蓋二百年僅見之災也米價驟貴一斗增百錢洶洶思亂巡撫甘士价太守王復率同縣令聶議始定　三十七年秋八月大雨水

隄月初七日雨至初十日驟雨如注晝夜不止初九日值鄉試鎖院水深三尺士子危踞木板上嗣文南湖諸隄皆決苕溪暴漲西溪安溪各告水災

熹宗天啟四年饑官出票於祐聖觀平價召糴

崇禎皇帝崇禎元年大風潮拔木壞屋傾鎮海樓圮石坊一十七座積尸蔽江而下潮退縱橫步上漆燈松擂明滅洲渚江干諸生孫濟奎率其子琮劄募掩之　十一年六月大水兩山洪發所埋棺槨浮泛湖中湖水為之腥濁　十三年旱　十四年大旱蝗飛蔽天連年旱飢斗米千錢民初食豆麥次糠粃不給煮榆皮橡栗食之僵尸載道封編修吳繼志倡為賑濟之法每里衿紳勸助中戸皆出粟設粥廠數所賴以全活者頗衆較萬歷戊申之災為尤甚焉　六月大疫呻吟臥蓐者十室而九人皆置尸牀下每郭門出尸日數百焉

十五年旱蝗飛蝗集地數寸草木呼吸皆盡農夫抱禾而泣先是內監崔某以鹽漕奉命兩浙勢焰薰灼人謂蝗從崔監來益惡之也

國朝

世祖章皇帝順治二年旱二年以後比歲不登米石至銀四兩然商賈四通百貨輻輳下至擔夫騶卒皆能贍給以故米價雖貴而人不驚擾　十二年旱　十八年旱斗米四百錢數千餘里草木枯死

今上皇帝康熙九年水　十年旱　十一年旱俱被蠲賑　十二年水雨蟲閏七月水淹沒杭嘉湖三府州縣共未淹沒者天忽雨虫飛食米穗有聲如雨焉顆田禾俱盡　十七年旱　十八年大旱無年　三十二年

夏大旱五月至七月不雨　三十八年閏七月大雨南北兩山洪水驟發西湖水平高丈餘裏外兩堤俱水淹沒次日行堤上者深過腰膝山澗衝出棺槨無數城內西北民居亦水深數尺三日後始退　四十一年秋大旱

四十七年夏五月大水　四十八年秋飛蝗蔽野歲祲

五十二年秋七月旱　五十四年夏初水災秋又旱　五十五年亦然

火按西湖志曰杭城多火宋時已然居民稠比竈突相接一多竹木罕磚瓦二家事佛燃燈達旦三夜飲醫酣燭跋棄地四婦女嬌惰篝籠失撿五有此五病遂屢見火災矣

晉高祖天福六年秋七月杭州大火吳越府署火吳越王元瓘驚懼發狂

疾南唐人勸唐主乘虛取之唐主曰
奈何利人之災遣使唁之且賙其乏

周世宗顯德五年夏四月杭州火吳越王宏俶奔杭州
十日夜火焚燒府署
殆盡上命宋
使齋詔慰問

宋高宗紹興元年夏六月臨安火　二年五月臨安大火先是熒惑犯氐東南星占曰將相有憂又有火未幾
火發須刻燔閣直六七里燔民居一萬數千家至冬
又火令戶部
發廩賑濟　四年正月六年二月行都屢火俱燔數千家　六年冬十二月臨安大火燔萬餘家
人多灼死　十年冬十月臨安火　十二年春三月大火四月又火九月甲子火燔民居將及太室而止乙丑令有司撤火
道周廟垣二十步

光宗紹熙三年春正月己巳臨安火迄夕至庚午民廬焚者大半　十四年行都火延七百餘家

寧宗嘉泰元年春三月都城大火武林紀事云戊寅夜御史臺吏楊浩家火延御史臺司農寺將作軍器監奏文思御輦院太史局軍頭皁城司法物庫御廚班直諸軍壘四月辛巳火方滅詔被火之家願于貢院及寺觀住止者聽有司蠲燒軍民五萬二千四百二十九家凡十八萬六千三百八十三口死而可知者五十九人詔出內府錢五十六萬三千五百七十一緡米六萬五千一百九十二斛四斗付臨安府分賜被火之家錢一千米四斗小兒半之死者人與十千而軍士各家錢二千米一斛浩遂除名配隸萬安　咸淳軍是時朝士皆僦舍船以居　四年行都大火志云右丞相府火程覃劉慶家人延糧料院右丞相府尚書省樞密院制勅院檢正房左右司諫院尚書六部

工部侍郎廳萬松嶺清平山仁王寺石佛庵樞密院親兵營修內司學士院內酒庫門廊廡殿及內中宮官兵樸救許以重賞太廟神主冊寶法物皆移寓德壽宮是夕百官之家盡夬都亭避火五日和寧門鴟吻上火忽起有張隆用飛梯騰屋擊鴟吻碎之焰乃滅六日賜諸軍犒賞仍賑恤被燬家奉神主還太廟七日降詔罪已西湖志餘云宋時建都臨安大火二十一尤烈者五都民市語多舉紅藕二字藕具二十八絲紅者火也皆有識云

嘉定元年春正月臨安大火火凡四日焚御史臺等官舍十餘所民舍五萬八千九十七家城內外亘十餘里死者甚衆城中廬舍十燬其七百官多僦舟以居民訛言相驚亡賴因而縱火爲姦

四年春三月臨安大火焚省郡寺等官舍延及太廟詔遷神主於壽慈宮三日火息乃還太廟省部皆寓治驛寺焚民居二千七百餘家

十三年冬十一月臨安大火壬子郡城大火燔數萬家禁壘百

二十

區、

理宗紹定四年秋九月臨安大火太廟燬丙戌夜行都火延太廟三省六部御史臺秘書省玉牒所惟丞相史彌遠府獨存洪聖俞詩曰殺前將軍猛如虎救得汾陽令公府祖宗神靈飛上天可憐九廟成焦土時殿帥乃馮榯也鋤堂雜志云都城有馬將仕者日以千錢施貧謂之順錢都城大火乞丐之魁率人爲撤挈巨細無所失火息爲運木石磚瓦丐中有手藝者竭力爲與造自後每日更增施一千　嘉熙元年夏五月臨安大火自巳至酉燒民廬五十三萬

元世祖至元二十三年杭州大火　成宗元貞二年夏四月杭州火　大德三年冬十一月杭州火　八年秋

八月杭州火

英宗至治二年冬十一月杭州火

文宗至順元年秋八月杭州火冬十月杭州又火　二

年杭州大火

順帝至正元年夏四月杭州大火四月乙未杭州火燔官舍民居寺觀凡一萬五千七百餘間死者七十有四人　二年夏四月杭州大火先是辛巳三月江浙行省平章政事只理瓦台衣紅服入城之任兒童謡言火殃來矣至是四月一日火災尤甚燬民廬舍四萬有奇自昔罕見數十年繁華之地一旦凋敝　三年夏五月杭州火蕃作炎車橋火流如鳥飛所指飾焚窻副幹欒公背濟向火叩首曰寧焚予躬勿民舊也言既風轉

明憲宗成化十年丙戌四月郡城大火望仙橋北河東蔣氏火延鎮海樓伍公廟海會寺東嶽行宮玉樞雷院下逮宗陽宮南至侍郎府北至鎮守府東至巡鹽察院西至布政司周環六七里民居三千餘家

世宗嘉靖三十一年夏六月杭州府管局通判廳火時海寇初起軍中需火藥甚急諸匠人就廳碾藥碾急火起藥中倉卒不可避人焚死者甚衆有未死者皆灼膚裂體慘不忍視扶出見河水輒投其中明日皆死

三十五年秋九月郡城大火十三日未刻火自熙春橋民家起俄頃遍四方東南逾數里越城飛火至永昌壩達旦始息燒燬官民廬舍一萬餘間清軍察院鎮海樓亦俱及焉貧甚者官府給米周卹

三十七年秋八月旗纛廟災自管局廳碾藥失火之後有司慮有不虞特就廟中碾藥以廟高敞火不易燬

也然一藥發火羣藥皆燃熱不可收廟遂燬燼人死者什二三於是命凡藏藥者皆於空闊地而不復近屋宇

穆宗隆慶二年春正月湖墅大火元日德勝壩火沿燒民居一千餘家座船四十餘隻

神宗萬曆三年冬十月郡城火二十九日夜火發菜市橋東人從橋上以觀扶欄忽崩溺水中者無算皆重傷死者凡四十餘識爲祟厲昏黑不可行仁和縣梁鵬躬自爲文祭之其怪始絕

五年秋七月郡城火二十七日晡時小營巷火延燒東里義和如松三里次日方息燬民舍千餘家

十七年六月火起於木登雲橋馬通政門有銀杏樹忽焰發煙轂江子化側濇木中生火

二十五年二月湖墅大火十

二日清明忽起大風湖市北關外金家埠口浪船失火爐北關官廳延燒東西兩岸至牙灣巷江漲橋混堂巷草營巷南數千家連船十五隻諸生李中韋父子兄弟三人相救焚死共焚仁和縣二千九百家錢塘縣一千二百家

七月鴉啣火二十二日有烏鴉啣綿絮然火燒房屋四百餘家

熹宗天啟元年大火三月初五日陳調燮家起火沿燒平安東西如松等坊一十餘里又飛燒艮山門外數百家初八日又報北艮等圖各沿燒千餘家共燒燬房屋萬餘間焚廣豐倉一所合郡士民洶洶歸咎西湖北山新築亭館太盛鑿傷山脈所致

國朝

世祖章皇帝順治十三年七月火藥局災局設祐聖觀搗藥日中火熱諸砲盡發轟雷震地毒焰激射燎斃數十人皮膚焦爛者無算學署方闢聲忽黑黯自牆而墮聖宮遂燔

今上皇帝康熙五年十二月大風火一晝夜延燒七里燔民居一萬四千四百餘家斯如坊有長者霍萬言年踰八旬操履醇謹七年之間三失火矣至是嘆憤誓與居燼其子祿科泣諫不從甘心殉父時風急火熾俄頃烟焰驟至其孫文舉不見祖父即奔入妻子慰阻文舉曰身覩之身也豈有祖父在烈焰中忍置之乎奮身蹈火火已三骸俱存文舉跪祖前猶作勸行狀覩者莫不錯愕贊嘆詳孝子傳　十年五月二十四日大火　十二年九月大風火一晝夜焚房屋七千餘間焚死男婦二十餘口週燔十餘里　三十三年十二月初八日九曲巷民家火沿燒至草橋門約七里許自午至酉方止　四十一年二月十八夜天竺寺火白雲房起火沿燒禪堂時進香男婦俱宿寺中昏黑奔竄蹊踐死者甚衆　五十三年正月初八日撫院衙門災

六月二十三日大火太平橋民家火沿燒至東青巷河下燬民房數百家午時起歷二更方止是日黃昏又府前四條巷火兩縣衙門俱燬火幾達旦

天地星辰風雷水雹諸災祥凡妖祥所感有從同者有從異者從同者徵諸天下從異者見諸一邑也齊君中正以禋祀鬼神恐懼修省以禳塞災咎此良有司之事而弭患之道乎

漢天漢五年夏五月錢塘江岸石不見　七年復見陳善曰天漢無五年今從越絕書

後主延熙十二年冬十二月寶鼎出臨平湖

吳孫皓天璽元年臨平湖開吳人或言於吳王曰臨平湖自漢末穢塞長者皆言湖塞天下亂湖開天下平近者無故忽開此天下當太平青蓋入洛之祥也吳王以問都尉陳訓對曰臣

止能望氣不能達湖之開塞也退而告人曰青蓋入洛者鄧璧之祥也按此時湖隸錢塘未割為他縣故書

晉成帝咸和九年夏四月甘露降于錢塘之栁樹

安帝元興十年錢塘臨平湖水赤桓玄諷吳使閉除奏以爲已瑞俄而玄敗

齊武帝永明七年夏六月吳郡太守江斆於錢塘獲蒼玉璧以獻

朱靈讓獻浙江靈石奉詔刻爲佛像靈讓於浙江得靈石十人舉乃起在水深三尺祈浮世祖親授天淵試之刻爲佛像

陳世祖天嘉元年冬十一月臨平湖開時江南妖興衆臨平湖草塞忽然自開陳主惡之乃自賣于佛寺爲奴以厭之

[illegible]考三國屬吳湖文爲[illegible]

[illegible]

唐高宗顯慶元年六月隕霜

僖宗乾符三年冬有雷於浙西[illegible]無雲而雨是謂天泣

昭宗天復三年春二月浙西大雪平地三尺餘其氣如煙其味苦

十二月浙西大雪江海冰

宋眞宗天禧五年錢塘有巨石浮於江林逋以問葉杲卿卿曰其當在萬乘乎未幾眞宗晏駕

神宗熙寧五年冬十月杭州地湧血者三流入河腥不可聞

高宗建炎二年春正月杭州地湧血清波門內竹園山下平地湧血須臾

成池腥聞數里明年金人殺戮萬餘人於此地

三年冬十月歲星見吳分是年秋上駐蹕會稽時北師初退尚宿留淮西朝議凜凜懼其反旆范丞相宗尹薦朝散大夫毛儐習甘石學有詔赴行在所隨入對言按漢志歲星所在國不可伐今年冬歲當躔吳分而與宋自此口必不能南渡矣然凜口上策莫先自治願修政以應天道上大喜既而果不復來

紹興三年八月地生白毛浙右地生白毛韌不可斷諺曰地動白毛生老少一齊行

五年地震

六年臨安地震有聲自西北如雷詔罪己求直言是冬偽齊劉麟劉猊犯順寇濠壽州後四年金兀朮入寇

八年六月雨水銀雨錢八年雨錢錢或從石甃湧出續月令廣義云紹興八年冬十大雪雨冰數十里冰大小皆龜形背具卦文

十年春三月臨安雨木三月行都雨木與唐志貞元陳雨木同占木不植而自上隕有

下易位之象

孝宗乾道三年秋七月臨安大震雷龔堅志云鈕器坊兵龍澤性不孝母常依女以居每澤得俸米母必歸取三斗澤夫婦及子郭僧屢詬罵之又嚴州陳永年開鋪於臨安市狂悖不簡母恐無以終日積碎金數年得十餘兩藏一篋永年攫之去母恚悶卧病是秋雷擊澤夫婦并郭僧及永年皆一時死

淳熙十三年秋八月臨安地湧血民家有血自地湧出濺染至屋汚人衣

十六年六月錢塘門旦啓有黑風入揚沙石塗人驚避冬錢塘宣義郎萬延之家缶水凝冰視之桃花一枝明日又成雙頭牡丹次日又作寒林種種値葛誕辰賓客畢集是日大寒設缶當席疑冰爲山石上坐一老人如壽星後結姬王氏父子繼殁家貲爲王所有始知妖也非祥也

光宗紹熙五年冬十月臨安風災乙亥行都大風拔木壞舟甚衆至戊戌又大風木盡拔洪容齋隨筆曰元祐五年蘇軾守杭日與宰相呂汲公書論浙西災傷曰八月之末秀州數千人訴風災吏以爲法有訴水旱而無訴風災閉拒不納老幼相踐死者十一人由此言之吏不喜言災者蓋十八而九矣　十二月南高峯崩地湧血

寧宗慶元六年雨塵土冬十二月無雪桃李華蟄蟲不藏按管子曰臣乘君威陰侵陽盛冬不氷時韓侂胄擅制陰脅陽之象　開禧三年秋八月臨安大風癸酉大風拔木折禾穗果實寧宗露禱至丙子乃息　嘉定六年夏四月行都地震

理宗紹定四年春三月天雨黃霧塵土四塞入人口鼻皆酸辛積几案如灰

行者相去丈餘不能識向日輪昏黯無光雨連日夜不止　五年春二月有星隕於宗陽宮甲子朔初更有星如斗自東而西紅光滿地隕於宗陽宮聲殷殷如雷貫射

三年春正月臨安雷震

度宗咸淳六年秋七月慶忌塔池水壁立塔前池水壁立浮薑登木蕩突久之又時有怪物出水若鐵楦然　九年臨安地白毛生臨安地産白毛長四五寸瑩若銀縷焚之臭若羊毛占爲大臣專國之兆　按是年蒙古圍樊城呂文煥以襄陽叛

十年春正月臨安雨土　八月天目山崩癸丑大霖雨天目山崩水湧流安吉臨安餘杭民溺死者無算　冬十二月庚午錢塘江潮失期不至是日度宗梓宮發引至浙江上候潮潮失期日晡不至

帝㬎德祐元年三月臨安𦵔土　二年二月壬寅錢塘江潮三日不至元將伯顏遣人入臨安駐兵錢塘江沙上太皇太后望祝曰海若有靈當使波濤大作一洗而空之潮竟三日不至

元世祖至元二十五年冬十月丙子夜杭州地震十一月庚寅又震始如暴風駕濤潮之聲自西南來雞犬皆鳴窓戸磔磔撼動屋瓦俱搖

順帝至正元年春二月壬辰雨核於杭州黑氣亘天雷電而雨有物若梨核與雨雜下五色間錯破食其仁如松子相傳爲婆婆樹子是年九月紅巾入城雨核之地悉遭兵火　七年秋八月錢塘江午潮退而復至　八年夏五月錢塘江潮溢沿江民皆徙居避之　十三年江潮不波　十

七年春正月雨黑水於杭州河水皆黑　二十年巽雲見西湖

明太祖洪武十年秋七月海潮齧岸

景帝景泰五年春正月大雪凡十餘日鳥雀死　七年冬十月西湖水竭丙子自秋徂冬數月不雨湖水涸成平陸巡撫都御史孫原貞曰昔人其萎乎未幾少保于謙寃死都御史蔣琳亦及焉凡官於朝者俱落職泉窟爲空

憲宗成化十三年冬十一月杭州大雷雨虹見巡撫御史呂鐘言雷作虹見皆非時乞修省下禮部覆奏請移文鎮守巡按及都布按三司等官伸究抑捕强横恤軍民練士馬從之

孝宗宏治十年秋七月地震　十八年九月庚子杭州地震有聲

武宗正德三年六月雨紅水於錢塘　武林紀事云是月某日天雨鄰里巷道水皆清而故都御史錢鉞家獨紅池塘盡赤按四年鉞家被籍實錄曰初崇府歲祿一萬石舊例給粳米一千粟米九千宏治間鉞巡撫河南以土產紅粳米四千石代粟米給之然實未嘗奏請也至是崇王請給如鉞擬遂觸劉瑾怒有旨鉞交通王府擅更成法宜重刑籍其家校至則鉞已故矣乃收鉞妻及子應禎等六人婦女臧獲五十五人至京盡沒其家産分戍陝西肅州固原莊浪等衛遇赦不原鉞之攻粟為粳實因土產從民便非不爭此而劉瑾用焦芳計欲籍江南大家以快其忿芳簽於鉞子女纍纍遂坼就逮衣冠無不傷之

六年春正月杭州大雨雹地震　七

年春三月杭州地震五月地震七月又地震八月又震俱轟然有聲（自西北至東南殷殷不絕翼日地生白毛長二寸許）十二年秋八月杭州地震　十四年春正月朔水有花（元日民居屋瓦俱結成花朶陰處數日不釋）

世宗嘉靖四年夏五月有星流於杭州（初七日五更有大星自東流西曳尾長數十丈光明燭地墜落有聲如雷闐數十里）　八年夏五月雨黑水於杭州（杭城內外遠近皆下黑雨行者衣服如墨汁汚染）　二十四年秋七月丁卯杭州大雨雹（是日大晴晌午倏忽雨雹占者以爲當損長吏未幾左布政使司蕭一中卒）

神宗萬曆二年夏六月江海溢秋七月江無潮　六年

春正月大雨雪連六七日不止　夏四月江潮復至自三年七月後江潮無波每日潮候止暗長水者兩年至是復至　十七年七月大風初九日大風雨拔木吹倒斜橋天水橋共六座牌坊四座

懷宗崇禎十五年冬十一月長至大雷電是日如溽暑夜即嚴寒大雪　十七年春正月元旦日蝕既　夏五月星隕凡二十四日夜中星斗交飛或逆或順或有聲而墮或無聲而隱

國朝

世祖章皇帝順治二年城吟永昌至清泰聲如破鑼自南而北晝夜凡三四鳴三日乃止　三年七月日華　六年六月地震生白毛如馬鬣徧地如絲

塔室倒砂尤多　九月十五日北高峰崩　七年七月日蝕

又連日日中飛雪

今上皇帝康熙三年慶忌塔傾　七年六月地震生白毛

八年正月天狗星見兩頭銳空中有聲如雷光如掣電自西而東　十年四

月大星隕星形如車輪芒角四射下帶數十小星由西北趨東南直過桐江時天已黎明　十

九年錢塘江岑石復見丁亥策曰浙江浮石漢武帝天漢時淪沒其隱現不常久矣庚

帝四月望日海潮自東入小舋捲漁浦浮石自西逆漲而下望之謂覆舟稍近則石也長三丈餘客以訊

余余曰此浮石也今出恐有波濤之患　二十九年二月杭城地震、一

四十七年七月初八寅時颶風大作驟雨翻盆鼓樓及

貢院同時崩圮民間屋宇亂飛大木偃拔至晚漸息

五十三年五月十八風雨海嘯上江順流浮屍無數

五十五年六月初一日旁有黑雲側露五色光數十道至初六日止或曰日華或曰此祲氣也未知孰是

五十六年四月十五星變異光燭野起東南亘西北其形似船

鳥獸草木蟲魚諸災祥　漢董仲舒治公羊劉向治穀梁兩賢皆以物變驗五行於是占驗生焉禽魚草木本微細然一乘其度則一邑之禍福妖災著矣故終之以此

晉成帝咸和六年夏六月錢塘豕異　錢塘民家猳豕產兩子皆面如人其

身陰豕京房易妖曰豕生人頭不具者危且亂猶豕應于畀之甚者也　九年白烏見

錢塘吳國內史虞譚以獻

宋明帝泰始七年春二月連理木生吳郡太守王延之以聞

齊武帝永明九年秋七月錢塘獲白雀

唐懿宗咸通二年異鳥來鳴　咸通中吳越有異鳥極大四目三足鳴山林其聲曰羅平占曰國有兵人相食　按此黃巢來寇董昌僭亂之兆也

昭宗天復三年秋九月有龍鬬於浙江水溢壞民廬舍

宋真宗咸平二年筍竹生米如稻　按明憲宗成化十七年昌化縣筍竹生花

結實如麥世宗嘉靖十七年秋八月又生花結實如小麥民皆採食之二十年竹又生米陳志曰長亘五十里採之而舂得黑色碎米味少澁和飴爲餅佳其地遂得豐熟則簫竹之有實不止於宋矣　祥符九年浙江虎入稅場巡檢俞仁祐揮戈殺之　天禧三年錢塘民謝文信妻一乳三子

哲宗元祐元年秋八月浙江連理木生杭民俞舉慶七世同居園木連理

高宗紹興元年行都旌忠觀有蛇異在柴垛橋有三蛇出沒庭廡大者盤尺方鱗金脊遇齋醮輒數行焦亦間廟徙蛇孽絕　二十五年夏五月太室楹生芝九莖秦檜率百官觀之稱賀自檜首相而罷兵文飾太平天下競以草木之妖附會

孝宗隆興十四年冬十二月臨安民婦產怪子生而能言四日懸長匹尺　乾道六年北關門民居得怪魚北關門有鮎魚色黑腹下出人手於兩傍各有五指　淳熙十二年龍山江岸得大魚二月庚申龍山江岸有大魚如象隨潮來復逝　十六年錢塘旁江居民得怪魚鰂首鯉身五色時民訛言夢得魚覺而有魚在手猶躍事聞有司令縱之

光宗紹熙元年三月民家猫生子一首八足二尾

寧宗嘉泰二年秋九月臨安野蠶成繭

元順帝至正八年有豕輿施鹽商家牝豕自食其子鑵之人語曰汝不食我我餓自食我子何與汝事欲殺之啼曰我負汝錢三千七百五文實我貸汝足矣貸之得錢如數　十二

年九月有鵝異（西湖志錢塘盧子明家一鵝伏九雛內一雛三足二足在前一足在后）

月中落娑羅子（至正壬辰月中娑羅子隨雨而落大如松子數具五色）

明英宗正統七年冬十一月民程潤妻鄭氏一乳三子

給鈔米

憲宗成化十六年春三月有五色鳥翔錢塘學宮（時有異鳥翔於錢塘學宮其文五色諸生異而賦之李旻賦詩高自許可是秋旻舉鄉試第一越四年甲辰狀元及第　按七修類稿載旻詩曰五色翩翩世所奇講堂飛止正相宜秖應覽德來千仞不爲希恩借一枝羨爾誰知鴻鵠志儼人同上鳳凰池狀元魁遐皆常事還向天邊作羽儀旻果應此兆）

孝宗弘治五年六月虎入城（大雨虎入城蹲三茅觀穴日徹人斃之占曰當[illegible]大）

將是秋都指揮崔亂卒

世宗嘉靖七年五月錢塘有豕異官巷口吳姓者買李屠猶未烹見腹內隱隱有字則印書四行也色如蜜大如蔽支口濕官手壁兩身敵功在雞魚則廉矣初行五字第二行二字第三行五字未行二字前後有字割裂分去故不成章按治平中南新街柿木中有上天大國四字類顔書皆不可曉

二十五年秋九月杭州多虎患杭州屬縣諸山虎聚成群白日入民家傷人道路無獨行者死傷不可勝紀餘杭尤甚

神宗萬歷二十三年有狗妖大方伯里民沈氏母狗產一小兒殖即斃之

四十二年錢塘民產怪子甲寅四月湖市賣魚橋營巷民家生兒一頭兩面俱具四足男女形皆具或曰此未判學子也

四十三年錢塘有龍魅西溪三橋

有龍魅幻作青旆懸酒家狀迷者投肆沽酒實湖也竟溺死旣築龍王堂以鎭之魅忽飛起掣寶叔塔頂碎接待寺佛閣而遁有請移岳墳前鐵人以投其窟者謂龍畏鐵故也然何以不畏鐵頂耶後此魅亦止

穆宗隆慶五年四月湖墅栗樹生桃九月西溪栗樹生林檎二枚

熹宗天啟元年虎入城

懷宗崇禎十四年大旱天竺地生粉是歲大旱饑死無筭忽訛言觀音救濟群於天竺山掘土二尺下得土細類粉食之不饑民賴以活

國朝

世祖章皇帝順治二年虎入城　三年南北山栗樹生桃

實似毛桃而小紅潤無核 有雞妖兩足四翅飛能衝天 一

今上皇帝康熙十七年江上漁網獲玳瑁 丁文策曰玳瑁非浙產出南海洋中戊午六月江上漁戶網得其一以獻撫軍陳公時識君徐林鴻在座撫軍問之鴻曰龜屬此方罕長此短其玳瑁乎 番志曰隆慶庚午孟夏流福溝甃石忽動敲之得巨鼇濶廣如車輪紅白色龜頭而三尾聲作馬鳴曳投漁簖中踞牙齧入乃磔焉胡孝廉文憲竹園在金沙灘門東有三足蟾氣冲人即死一日園丁報蟾出從廝溺之皂色如覆釜張口紅光滿室兩目閃閃似電一時與龍舌嘴之曳練猴滿覺衛之遮道蟒稱爲三蛇焉又有方士捕得蟾如三斗盆月下吐光其光蔽月一日忽磯氣不可近已失之矣又曰卽神周宣靈王最靈巫迎神必以蟾爲兆時見翠蟾三足如芝舞躍入神袍袖而沒或曰此月路也

論曰春秋記災記異而不記祥記災以示警也記異

以防災也不記祥以戒淫也而水旱必書蝝螟蟊賊之類必書所以重民事憂無年也錢浙東西一邑其地屬揚其天文當斗分野日月星辰山崩川竭之異似不足以當之其唯水火之處乎攷之舊志明以前不必言我

朝定鼎來杭城大水火凡幾十次雖毋歲必火小或十餘家甚或至千戶此雖由人事似亦有天道焉至於春夏之交山水橫發漂沒陷溺者不可勝數則又非人力所能預防其或雨暘不時旱魃為虐飛蝗[illegible]之

【康熙】仁和縣志

（清）趙世安修　（清）顧豹文、邵遠平纂

清康熙二十六年（1687）刻本

仁和縣志卷二十五

知仁和縣事趙世安纂輯

祥異

趙世安曰春秋紀災異不列徵應攷前後漢史皆以五事從違決五行之得失每每脗合天心仁愛垂象加警務期修德弭災以寧黎庶故祥者絕少而災異必謹紀之馬端臨云臣舊作春秋傳嘗以明王道削去三家褒貶之說因事直書猶之宋相李沆每遇四方水旱疾疫必以上

閒邑乘雖小畧倣此例紀其事於左

漢

天漢五年夏四月錢塘江岑石不見

越絕書天漢五年四月浙江岑石不見及七年岑石復見　按天漢無五年今從越絕書實之春秋夏五例也

晉

咸和六年夏六月錢塘有豕異

晉書咸和六年六月錢塘人家豭豕產兩子而皆人面如胡人狀其身猶豕京房易傳曰豕生人[illegible]豕身者危且亂[illegible]人異之甚也

元興元年冬十一月錢塘臨平湖水赤

晉書元興二年十一月錢塘縣臨平湖水赤桓元謀篡吳使開除初日已蘇云

宋

元嘉四年春二月錢塘生連理木吳郡太守王韶之以聞

宋書

齊

永明七年盤宮有魚孳

南齊書永明九年盤宮石瀆有海魚乘潮至水退不得去長三十餘丈黑色無鱗其聲如牛

土人呼爲海燕取翎毳之此京房所爲徵應歟

陳

禎明元年冬十一月臨平湖開

綱目時江南妖異特衆臨平湖草久塞忽然自開陳主惡之乃自賣於佛寺爲奴以厭之書法云湖水開何紀異也故吳臨平湖開而吳亡陳臨平湖開而陳滅陳主不知修省自賣爲奴何益哉

唐

代宗

寶應元年浙西火災

十年秋七月杭州大風潮

唐書大風海水翻潮溺州民五千家船千艘

貞元六年夏浙西大旱

唐書井泉竭人渴且疫死者甚衆

秋浙西旱

唐書

太和元年春浙西大疫

唐書

四年夏浙西大水害稼

唐書
五年夏六月杭州水害稼
唐書
六年夏五月杭州災疫
唐書
七年秋浙西大水害稼
唐書
異鳥來鳴
唐書咸通中吳越有異鳥極大四目三足
山林其鳴曰羅平占曰國有兵人相食

黃巢來寇董昌僭號之兆也但史書止稱咸通中而不著其年今附於此

中和三年有聲於浙西

唐書聲如轉磨無雲而雨是爲天泣

三年秋七月浙江水溢

文獻通考壞民居甚衆

天復三年春三月浙西大雪

唐書平地三尺餘其氣如煙其味苦

秋九月有龍鬭於浙江

唐書水溢壞民廬舍

冬十二月浙西大雪

府書注海水

開平四年秋七月杭州大火

五代史元瓘性奢侈好治宮室天福六年杭州大火燒其宮室殆盡元瓘避之火輒隨發元瓘大懼因病狂綱目吳越府署火吳越王元瓘驚懼發狂疾南唐人勸唐主乘敝取之唐主曰奈何利人之災遣使唁之且賙其粟

夏四月杭州火

文獻通考吳越下錢宏俶奏十月夜杭州火焚燒府署殆盡

至道三年知泰州田錫上言杭州災荒狀

通鑑長編疏云今年十一月有杭州齋牒泰洲會問公事臣聞彼處米價每斗六十五文餞餓死者不少溝渠皆是死人一僧收拾埋藏千人作一坑五十人一窖

天禧三年錢塘民婦一乳三子

宋史謝文信妻

四年夏六月浙江潮溢

宋史壞堤千餘丈事聞於朝廷遣使祭告江神

皇祐二年杭州饑

宋史

冬十月杭州地湧血者三

武林紀事最後流

入河腥不可聞

元祐元年八月杭州連理木生

宋史杭州民俞舉慶七

世同居家園木連理

六年夏六月浙西大水

續綱目杭州

死五十萬人

高宗

建炎二年杭州地湧血

武林紀事湧金門內竹園山下地湧血須臾成

池腥聞數里明年金人殺戮萬人即其地也

宋史占曰陰盛下有陰謀後一年苗劉爲逆

冬十月歲星見尖分

程史

紹興元年臨安火

宋史

二月臨安大雨雹

宋史

五月臨安大火 此条宋史五行志作二年非元年

宋史先是熒惑犯氐東南星占曰將相有憂人有火未幾火發頃刻跨山亘六七里燔民居一

萬數千家

五年臨安地震

宋史

八月臨安屬縣大水

續綱目時洪水發天目諸山忽高二丈許衝塘岸百餘所漂沒星盧千百餘家流戶散入旁邑禾稼化爲腐草

六年夏六月乙巳夜臨安地震有聲自西北如雷

餘杭尤甚

冬十二月臨安大火

武林紀事燔萬餘家人多灼死

十年冬十月臨安火

續綱目

十二年春三月臨安災火四月又火

武林紀事

十六年春三月臨安雨冰

宋史三月行都雨木冰與唐貞元陳留雨木同

孝宗

隆興二年春正月臨安霪雨至夏四月猶寒

宋

宋史

乾道三年秋七月臨安大水

宋史七月己酉臨安天目山湧大水決臨安縣五里民廬二百八十餘家人遭溺死者甚多

臨安大震雷

夷堅志軍器局兵匠澤不孝母常依女居翁澤得俸米母必歸取三斗澤夫婦及子屢詬罵之又嚴州陳承年開舖於臨安市狂悖不孝母恐無以終日積碎金數年得十餘兩藏一櫃承年攫之去母恚悶作病是秋雷擊澤夫婦并子及承年皆死

八月臨安大雨水害稼

宋史

七月臨安秋七月不雨至九月

宋史

是歲臨安饑

宋史

八年夏四月臨安疫

宋史

七月臨安不雨至十一月

宋史

冬十一月臨安饑

宋

宋史

淳熙九年夏五月臨安大亡麥

宋史春大亡麥行都饑

於潛昌化人食草木

六月臨安府蝗

宋史詔守臣捕焚而瘞

之至八月浙西又蝗

秋九月浙西水　在十一年

宋史時米

價湧貴

雨黑水　考文獻通考在十一年

宋史臨安府新城縣

大雨黑水終日

十三年秋八月臨安地湧血

宋史臨安府民家有血自地中湧出濺染至屋梁汚人衣

十四年夏六月臨安旱

宋史

臨安民婦產怪子

宋史子生面能言口目纂長四尺

秋七月臨安蝗

宋史丙辰命捕之

臨安府九縣饑

文獻通攷

紹熙元年巳巳臨安火 考宋史五行志在三年非元年

續綱目大火適夕至於庚午閭閻焚者大半

四年夏臨安大霖雨

宋史自四月于五月浙東西郡縣壞圩田害蠶麥稼

五年秋八月臨安大水

冊府元龜八月辛丑臨安大雨水餘杭尤甚漂沒田廬無數

[illegible]月臨安風災

元龜十月乙亥行都大風發[illegible]木[illegible]乘至戊戌又大風木拔

浙西饑

宋史郡國皆饑

十一月臨安雨水

文獻通考

十二月臨安南山崩

武林紀事臨安南高峯忽自摧折

慶元元年春三月臨安大疫

宋史

五年臨安霖雨

宋史自五月至八月久雨壞
城夜壓民廬人死者甚衆

六年冬十二月臨安無雪桃李華繁蟄虫不藏
文獻通攷管子曰臣乘君
威則陰侵陽盛冬不氷

嘉泰元年春三月郡城大火
武林紀事戊寅夜御史臺吏楊浩家火延御史
臺司農寺將作軍器監進奏文思御輦院太史
局軍頭皇城司法物
庫四月辛巳火方滅

二年五月臨安大水
文獻通攷
三月乃止

三年秋九月臨安野蠶成繭

宋史

三年夏五月臨安大旱

武林紀事西湖之魚皆浮食者輙病人爲之魚瘟云

四年春三月臨安大火

咸淳志四日右丞相府大程官劉慶家火延樞料院右丞相府尚書省樞密院制勑院檢正房左右司諫院尚書六部工部侍郎鰓蕭崧嶺青平山仁王寺石佛菴親兵營中官統兵收撲許以重賞太廟神主冊寶法物皆移德壽宮百官之家盡去都亭避火五日寧和門鴟吻上火忽起有張隆用飛梯騰屋擊鴟吻碎之烟乃滅

夏秋久旱大蝗

冊府元龜羣飛蔽天

秋八月臨安大風

宋史八月癸酉大風拔木折禾穗墮果實

嘉定元年正月臨安饑

宋史米斗千錢

臨安大火

續綱目火凡四日焚御史等官舍十餘所民舍五萬八千九十七家城內外亘十有餘里死者甚衆

二年夏四月臨安大疫

宋史

六月飛蝗入臨安

輟耕錄

九月臨安大饑

宋史死者甚多道多棄兒

三年春三月臨安諸縣大水

宋史

夏四月臨安府蝗

武林紀事

四年春三月臨安大火

續綱目焚省部等官舍延及太廟遷神主於壽慈宮三日火息乃還太廟省部皆寓治驛寺民居二千七百餘家

六年夏四月臨安地震

文獻通考

六月臨安大水

宋史

七年夏四月臨安大蝗

續綱目

八年夏五月臨安大燠

文獻通考草木枯槁井泉皆竭行都斛水百錢渴死者甚衆

九年臨安饑

文獻通考

十年冬十月浙江濤溢

文獻通考冬浙江濤溢圮廬舍覆舟溺死甚衆

十三年冬十一月臨安大火

册府元龜郡城大火延燔萬家

十六年餘杭錢塘仁和三縣大水

武林紀事

十七年春三月餘杭錢塘仁和三縣饑

宋史

紹定三年五月霖雨

癸辛雜志連雨十日浙西之田盡沒於水其不沒者則有風駕潮水而來頃刻殆盡杭民渡太湖揚子江就食江北無數餘皆溺死

四年春三月大雨黃霧

癸辛雜志是月三日大雨黃霧裏上四塞人人口鼻皆酸辛几案灰積行者不能避面目皆[illegible]日夜不止是夜二鼓望仙橋東火[illegible]至七日愈熾塵霧益甚災燒數家

五年春二月甲子朔有星隕於宗陽宫

癸辛雜志是月甲子朔初二更有星如斗
自東紅光燭地隕於宗陽宫其聲殷殷如

嘉熙元年夏五月臨安大火

燔絹門自巳至酉
毁民廬五十三萬

是歲臨安大饑

續綱目市中殺人以賣盈在隱處
殺人以邀利日未晡路無人行

閏五月臨安恆雨

宋史

秋八月霖雨

宋

度宗咸淳

六年秋七月慶忌塔池水壁立

西湖遊覽志塔前池水壁立浮苴登水蕩矣[illegible]之或云中有大黿數百年者故與妖如此人[illegible]有怪物化水若鐵檣然

八年冬十月臨安水溢

武林紀事

十年春正月臨安雨土

宋史

[illegible]

武林紀事八月癸丑大霖出天目山崩水湧安吉臨安餘杭溺死者無算

庚午錢塘江潮失期不至

宋史是日度宗梓宮發引至浙江上俟潮絕江潮失期日晡不至

臨安雨土

宋史

壬寅錢塘江潮三日不至

宋史元將伯顏遣人入臨安駐兵錢塘江沙上太皇太后望祝曰海若有靈當使波濤大作一洗而空之潮竟三日不至

元

至元夏四月杭州大水

元史

冬十月丙子夜杭州地震十一月庚寅又震

癸辛雜志始如暴風驟雨之聲自西南來雞犬皆鳴寢戶牕牖搖動屋瓦皆振

二十八年春二月杭州饑

元史

元貞二年夏四月杭州火

元史

[illegible]二年秋七月杭州饑

元史
冬十一月杭州火
元史
六年夏六月杭州饑
元史
八年秋八月杭州火
元史
十一年杭州大饑
見蓉塘詩話

秋九月杭州饑

元史

冬十月杭州水

元史

至大元年冬十二月杭州饑

元史

延祐元年秋九月杭州水

元史

延祐二年冬十一月杭州火

元史

泰定元年秋八月杭州等處大水傷稼

元史

冬十二月杭州海溢

元史杭州海水大溢壞堤塹侵城郭有司以石囤木櫃捍之不止

二年冬十二月杭州饑

元史

天曆元年秋杭州大水

元史沒民田

至順秋閏七月杭州水
元史民田又没
八月杭州火冬十月杭州又火
元史
二年杭州大火
元史
元統二年春三月杭州水
元史
至正元年春三月壬辰雨核於杭州

發耕錢三月杭州黑氣亘天雷電而雨有物如松子
實核與雨雜下五色間錯破食其仁如松子而
傳爲娑婆樹子是年九月紅
巾入城雨核之地悉遭兵火

夏四月杭州大火
元史四月乙未杭州火燔官舍民居寺觀
凡一萬五千七百餘間死者七十有四人

二年夏四月杭州大火
武林紀事先是辛巳三月浙江行省平章政事
只理瓦台衣紅服入城之任兒謙謹言火災衰
矣至是四月一日火災尤甚自昔罕見數百年
浩繁之地一旦燼矣武林郭畀記至正二年
四月一日杭州大火
燬民舍四萬有奇

三年夏五月杭州火

武林弭菑記蕭作於事稱火滅如烏直如栝栝衝所指御焚燬副幹縣丞龔脊向火叩首曰火寧焚予躬勿民菑也言既風轉燄民賴以安

七年秋八月壬午錢塘江午潮退而復至

元史

八年夏五月錢塘江潮溢

元史浯江居民皆徙避之

江潮不波

草木子壬辰癸巳閩海潮不波

十四年三月杭州大霖雨

草木[illegible][illegible]雨凡人十餘日浙江大饑

十七年春正月雨黑水於杭州元史己丑杭州雨黑雨河水皆黑

二十年春三月有異雲見光映西湖啟運錄

錢塘江潮不至元史

吳元年杭州自四月至六月不雨成化志

明

洪武七年夏六月杭州旱

成化志都指揮使徐司馬行省參政徐本李質郡守王德宣祈禱於錢塘門外黃龍祠三日而雨

九年夏五月錢塘仁和餘杭三縣大水

實錄下田浸者九十五頃詔遣國子生冊徽等來驗災傷

三十年夏六月杭州旱

成化志天久不雨苗槁浙江左布政使上鈍齋沐禱於神祠甘澍大注

永樂二年冬十一月杭州水

實錄

三年秋八月杭州大水

實錄淹民田七十四頃漂廬舍千一百八十二間溺死民女男四百四十口

十一年夏五月大風潮仁和縣十九都二十都俱沒於海

孫緒時雜志時天溫雨烈風江湖溺天平地水高尋丈南北約十餘里東西五十餘里仁和縣十九都二十都居民淹溺死者無數存者流移田盡漂沒殆盡守臣據實申奏朝廷命兵部侍郎張至海塘臨築堤斫役及杭嘉湖衢嚴蘇松諸府軍民十餘萬采竹木爲籠櫃伐皋亭山石堤納其中疊砌堤斫以禦江潮時官司勞勤倖帝而民力艱難供役甚爲困憊屢經寒暑役

痢大作死者藉道里人張子約作江坍歌狀者
徙湖者莫不涕洟修築三年公私費財不止十
萬為患

如舊

十二年冬十二月杭州水災

宣德三年夏六月杭州大水

實錄行在工部尚書吳原吉奏主事孫晃自浙
江還言嘉湖諸郡今夏苦雨江水泛漲田禾多
淹没

五年冬十月杭州饑

實錄本府[illegible]歲五月
至今水旱傷稼

景泰五年春正月大雪

武林紀事大雪十徐日鳥雀俱死

夏五月無麥禾

英宗實錄巡撫浙江監察御史奏杭州府正月中雨雪相繼二麥凍死五月以來驟雨大至水沒圩岸秋苗淹沒即今過時不能布種稅糧無徵戶部覈實以聞

秋七月杭州蝗害稼

實錄

秋九月杭州旱

武林紀事

秋七月杭州雨傷稼

實錄杭州府奏四五月陰雨連綿江河泛漲麥禾俱傷

成化七年秋七月杭州府大風雨江海湧溢

實錄太子太保兼吏部尚書姚夔言南京及浙江杭州等處撫臣各奏今年七月狂風大雨江海湧溢環數千里林木盡拔城郭多頹廬舍漂流人畜溺死田禾垂成亦皆淹損請命廷臣具條所以安民弭患之務

八月江潮水溢

實錄衛潰塘岸

十年夏四月郡城大火

[illegible][illegible]祀事瑤仙橋北河東蔣氏火延鎮撫[illegible][illegible][illegible][illegible]會寺東嶽行宮玉樞雷院下逮宗門

南至侍郎府北至鎮守府東至巡[illegible]
西至布政司周環六七里民居三千餘家

冬十一月杭州府大雷雨虹見

實錄巡按御史倪鍾言按月令八月雷始收聲今十一月初一日始生正閉藏時而雷電作虹霓出皆非時之修省事下禮部覆奏近年杭湖等府旱澇相仍今又值此災變恐地方不寧不可不預為警備宜移文鎮守巡按及都布按三司等官痛加修省仰究都強撫恤軍民操練士馬從之

二十年秋八月訛言黑眚入郡城

樂間語錄省中忽傳言黑眚夜入人家由小織夫能指傷人街衢喧填徹夜不絕官司引捕人四方彈壓每過一宿次早傳某家被物爪而出血某人捺壓垂死及細詢查無實跡擾攘半月

市民傳黑青明日過江南去也至日
果欻然不知何以知其去亦可怪哉

弘治四年夏六月大雨水壞稼

武林紀事六月二十四日午後大雨如注抵暮
龍井山鳳凰山俱發洪水暴漲淹沒田禾衝決
粟居山城垣虎逸入
野三岈觀猥而斃之

冬十二月杭州水

武林
紀事

十年秋九月地震

武林
紀事

十六年秋杭州府大旱

武林紀事斗
米銀三錢

十八年九月杭州府地震有聲

武林紀事餘杭臨安
於潛昌化各同日震

正德四年十二月杭州大雨震雹

武林紀事

六年正月杭州大雨雹地震

武林紀事

七年春三月杭州地震

武林紀事八月復如之俱轟然有聲自北而
迄東南殷殷不絕翌日地生白毛長一二寸許

夏五月杭州地震

實錄

秋七月杭州地震

實錄

十年十一月杭州大水

實錄

十二年八月杭州地震

十四年春正月朔氷有花

武林紀事元日民居屋瓦俱結成花朵陰處數日不解

八月杭州大饑米價騰湧以千錢易一石

十五年秋八月癸未仁和縣大雨雹武林紀事二十八日仁和小林地方周一二十里下冰雹大者如斗小者如椀壞田禾樹木

嘉靖元年春杭州旱時久晴無雨河渠枯涸有司行郡城內外開通河道

三月杭州大水武林紀事自春徂夏田成巨河

二年秋七月杭州大風潮八月風潮再作

武林紀事七月初三日處暑時方大旱至此日狂風暴雨拔木約五六十處天開河等處海水湧溢漂流廬舍數百家衝決塘壩海水倒流拔中河水皆鹹至八月初三日大風潮溢海衛夫太平門外沙塌廬舍百餘所

三年春二月杭州大饑

武林紀事

四年夏五月有星流於杭州

武林紀事三十日辰時大雷震電一時驟雨如注

秋九月杭州蝗害稼

武林紀事自八月間苦熱不解蟲生禾根[illegible][illegible]漸大食禾幾盡生翅一夫如黑烟沖天[illegible][illegible][illegible]

宋十損

八九

冬十月晦杭州大雷電雨

武林紀事三十日辰時太
雷震電一時驟雨如注

八年夏五月雨黑水於杭州

七修類稿杭城內外衣
裳被其污染者而後知

十一年秋七月杭州大雨水

淫雨不止西湖
常由水溢平堤

十四年杭州自春及秋恒雨

十八年杭州自春二月不雨至於夏六月

井泉皆竭

冬十月有流殍集錢塘江

是冬衢嚴等府大水漂流房屋什器男女至錢塘江者無算

二十三年杭州大旱無麥米

是歲大旱田無麥米石價一兩八錢死者載道

二十四年杭州大饑

米石價一兩八九錢死者無算

秋七月丁卯杭州大雨雹

[illegible]甲午

五十五年夏六月杭州大蝗

武林紀事蝗飛蔽天自西北來凡二日所過田禾草木皆盡

秋九月杭州屬縣多虎患

七修類稿

三十一年夏六月杭州府管局通判廳火

時海寇初起軍中需火藥甚急諸匠人就廳張藥碾急火起藥中倉卒不能避人焚死者甚衆有未死者皆灼膚裂體慘不可忍視扶出見河水輒投其中期日皆死

三十五年九月郡城大火

是月十三日未刻火自熙春橋民家起俄頃遍四方東南逾數里越城飛火至永昌壩達旦始

燬燒毀官民廬舍一萬餘間

清軍察院鎮海樓俱及焉

三十七年秋八月旗纛廟災

自管局廳碾藥失火之後有司慮有不虞特就廟中碾藥以廟高廠火不易侵也然一藥發火舉藥皆燃勢不可救廟遂燬燼人死者什二三雖未若管局廳之甚然亦慘矣

四十年秋七月至冬十月杭州大水無年

四五月大雨水苗種淹沒借貸補種民力已疲自秋徂冬雨水不止田成巨浸一望數里十月終禾稻沒溺水中鄉民舟行畝認淹稻穗割取之窮無舟者立深水中割稻天寒水冷[illegible]凍以饑疫辛苦萬狀且其炊爨專藉稻草是冬草無寸莖米又涌貴死者相望

嘉靖二年二月丙辰驟然雨雹

三年夏六月癸風潮江海溢

是月初一夜有怪風震濤衝擊錢塘江岸舟[illegible]數十餘丈漂沒官民廨十餘艘溺死人無數

秋七月江無潮

冬十月郡城火

是月二十九日夜火發薦市橋東人從橋上憑欄以觀人夥石崩溺水中者無算皆重傷死者凡四十餘競爲祟厲昏黑不見川仁和縣梁鵬爲文祭之始絕

五年秋郡城火

小營巷火延燒東里義和如松三里火日方熄燬民舍千餘家

冬十月大雷雨

二十八日天驟熱如初夏時行人有赤身者申刻陰雲陡作頃大雷雨

六年春正月大雨雪連六七日不止

自二月至三月恒雨

夏四月江潮復至自三年七月以後江潮無波每日潮候止隨水者兩年矣至是始復至云

十七年浙西饑

二十二年浙西饑

三十六年大饑

浙西水災神宗發賑銀三千五百兩又[illegible]谷府發賑糶停改折留抵湊賑杭州府知府[illegible]及通判黄從律仁和知縣樊良樞錢塘知縣[illegible]心湯匹馬孤舟足徧窮鄉親自散給民賴以全台州府臨海縣知縣萬崇德聞省會告饑慮[illegible]根本乃募商給粟繇海道入江計發米豆可二[illegible]萬石平糶于民聽商自運者不與焉杭人德之

天啓元年三月大火

三月初五仁和義和一啚生員陳謨家起火忽然四散延燒平安東西如松等坊杭州前衛左所前所等地方本日午時起風猛火烈燒一十餘里至次日晚始熄又飛燒艮山門外臨江等啚數百家續報城北二啚失火延燒一百餘家初八日又報北艮等啚各延燒十餘家查報共燒燬人戶六千一百餘戶戶屋一萬餘間燒燬廣豊倉一所闔郡士民洶洶哭訴歸咎于西

湖北山新築亭館大盛發傷山脉所致撫臺蕭茂相引京房易以拒之其言曰上不盛下不節盛火數起燔宮室蓋其意在保護薦紳而士民愁苦之餘聞其言益憤怨竟至率衆毀其亭館幾釀大變云

六月大火

火三日居民所遷火毀時之有數遷力疲目睨囊篋棄諸烈焰者

崇禎元年七月海溢

七月廿三驟雨烈風海嘯沿江一帶廬無居民漂沒幾盡仁和牛頭壩于塑雲生一子甫滿月大潮洶湧于惶悸奔逃子隨潮漂去次日諸小港漁戶捕獲一大魚重百餘斤舁至彭敎舁完遺易返未刻破魚腹中一小孩端坐不啼亨以為神異乳哺之取名魚生

采還不允訟于尹尹曰魚麂子此天賜[illegible]詳訴十為本生父亦不可忘合子之嬰[illegible]于生子郎于孫也宿於彭生子郎彭孫也[illegible]尹不能廷乎神示以夢卽以夢斷事或有之

七年甲戌正月大雪

正月大雪五夜無燈

十二年五月蝗

三十日未刻蝗從東南飛過西北幾蔽天形類蚱蜢而色黃兩翼飛則兩翅扇動類燕飛大小不等或云有黃黑二色然蝗蝻多俱落曠野不為禾害是日申黃雀集祗北關初一入四門盡任人多尤之謂蝗從雀至也

八月蝗大集

八月初八蝗大至關外積二三寸多灰色亦有綠色者頭類馬逮日逐之不去初從筧橋來西過香闔陳入餘杭界

十三年正月大雨震電

初六黃昏大雨雹去立春八日尚在臘底節氣如此是陽失節也更淫雨連綿不止至閏正月始晴撫臣徐疏略曰半歲之中一厄于水再厄于旱今又厄于蝗小民日夕赴臣轅門控訴者以千萬計闔閭失偵初尤二兩今且二兩一五六錢矣關口江船私糴陸續興販今上江一帶到處因荒奸徒搶掠竟有數門中斷者矣從此鄉羣聚呼籲而不[illegible]之徒所在生心則嘉[illegible]有捨越米給之報海[illegible]有乘機竊發之[illegible][illegible][illegible]寇之報矣臣雖時[illegible]撫不遺餘[illegible][illegible][illegible]濟又防道存[illegible]嚴緝不法[illegible]大[illegible]恐乎吸[illegible]變與有所索之[illegible]

[illegible]此臣亦爲裂

七月十二日月蝕無光

十二十四兩夜天宇霽伊月蝕無光此陰失節亂

八月旱大饑

秋大旱禾稼盡枯民採樹屑木以食又病疫市麩皮及麵者闌入部督索錢以空袖示之市人怒撾其面斜仆不起官爲設粥四門稍稍以濟

十四年旱饑

至是富家亦坐食粥矣或菜煮蠶豆以充饑諺云湖舟底漏司廚刀鏽黎園餓瘦上瓦下瓦抱頭遮走

十五年災

郡司馬耳房火延及五馬堂兩廊俱燬

十六年火

轉運使耳房火延及鹽事未舉布政司總事又火蓋天災也時民間一川數火人心惶懼焚[illegible]慶寺又燬

十七年來獻鵜鳥

鼠人豈得一鳥入國鳥身四足二翅山海經云狩鳥見其國多故七山漆江肥遯上其多夬翳文獻通考云

順治二年六月大雨風

六月八日大雨風拔木覆舍東西譙樓及弼教坊俱毁

八月物異

八月梅花大放樹皆生耗如[illegible]桃花大放皆花妖也是年冬[illegible]

[illegible]然

三年大潮

自此年始歷四十餘歲江湖甚大遠方至今[illegible]聞多慈宋人曾有詩云詩聲偏憐初來[illegible]

五年物異

有羊三足於後之左足又衞郡衙有[illegible]三耳人足兩尾生面稍若朴冤多鼠生門足

六年七月星變

巳正七月初六日[illegible]經天至申時[illegible]于日[illegible]

十二月初六晝氣貫日自巳至申長與天齊

復見其南天色

青其北天色白

七年江水有光

夜望江上波濤洶湧

如聚星散走閃光不定

[illegible]月雪

[illegible]寅七月初六熱甚午後

[illegible]雲忽大雪積數寸著物即消

大疫

[illegible]中[illegible]日中有物自出武[illegible]

[illegible]似西[illegible]

二日

十月十五大雷電

是月虎至慶

春門外斃之

十年八月龍鬥

八月初三天無雲青龍見于西

湖龍之所過雲氣隨旋繞之

十一年甲午四月初五地震

是日天清明地震有聲又

虎入城于吳居山獲之

十四年十一月廿八大雷電

是日晚大雷電一冬無雪次年春亦無雪又七

月僞傳有紙人入人家民間多響鑼集守[illegible]之

十五年戊戌二月念八日雨雹

是日午後雷雨雨皆泥水

十七年饑

十八年六月初十日日下有黑子

是日日下有黑子自辰至酉

康熙六年夏蝗不爲災

不爲災亦書惡蝗也

十八月旱

七年正月念五日白眚

西南有白氣如練史所謂白青也二月初始發

三月異鳥來

戊申三月艮山門外村樹上有異鳥集焉人頭鶯喙鳥身鶴足高三尺毛花白人皆驚異又曾集於東園民屋上群鳥飛而噪之後營丁以彈斃之皆去是年五月溫台大水田禾廬舍盡皆漂沒七月二十地震雷雨連朝三異亦然異物之徵應如是

夏六月地震

是月廿四日夜震屋棟撼搖磔磔有聲次日徧地生毛卽室舍亦然諺川地動白毛生老幼一齊行

秋大水

八年秋八月蝗

早禾將有秋矣初六七連日雨苗葉間出細小虫不知何名嚙其莖盡折

十年夏四月黎明星隕

有星如栲栳大墜于西衆小星隨隕者數百有聲或曰宿春或曰景陵

十二年九月十九大火

是日大風自鹽橋東火起風狂心烈如翠能捲火左右旋飛火未至處燄起爛熚延燒十三與東城爲之一空

十三夏淫雨

自四月雨至六月初始晴

□張瑞孝江

舊志云咸豐□蜀山海南洋□□浙江等

己未六月江上漁人網得其上□□□用漆

癸以大木為蓋之底嵌上係鴻入□□□字曰吾

博物君子也識北西南斤似齋然□□□而此乾

六以爲然疑及而此家浪黑甲巾纓

黄赤色其旁有手撫事矣曰是也

十九年夏四月浮石見

舊志云漢江浮石漢武帝天漢年間處洪唐八

□□有及之者庚申四月東日漁舟自東入小

疊分為兩岸聚雷塔雪直上當春浮石自西從

潮而下蕩漾中流與舟人望之初以為魚無

近視之則石也懸游之其大約三丈旁有宮蒙

異此事者走以觀江為祈禱曰此浮石也良藩

之巻石久

不出矣

冬十一月彗星見越十日大雪幾六尺

欽天監奏彗星朗于十月杭州查王

二月朔始見長十餘丈至與遂災

二十一年八月彗星見

日將夕見于

西方長丈餘

二十二年春雨傷麥

春積雨兼旬麥葉盡爛而豈一穗設若稍實挾

繁麥豈之殻中實其不同如此麥苗人觀未論矣

和縣志　卷之二十五

【康熙】餘杭縣新志

（清）龔嶸修　（清）孫應龍等纂

清康熙二十四年（1685）刻本

災祥

劉向五行傳遇災祥必書而占驗近乎編年紀事不書景星慶雲而特于星隕日食蟊螣大無麥禾書之獨詳蓋重天時尤重民事也係邑地方偏小無大災祥足以測驗凶吉然春一物枯即為災秋一物榮即為異所以告修省以格天心者正不在夫多也

康熙十八年大旱南渠河水涸往來者于河底陸行達省禾稼盡枯饑民掘土煮食名觀音粉

康熙二十二年春大雨連綿數月大小麥將浥知[illegible]
禳禜虔禱始霽民得春收
康熙二十二年夏秋大疫特置惠民藥局資治之

【嘉慶】餘杭縣志

（清）張吉安修
（清）朱文藻纂
（清）崔應榴、董作棟續纂

清嘉慶十三年（1808）刻本

祥異

自古水旱皆天災而祥瑞亦物異餘邑歷代諸書所載大都水旱多而物異少按代錄之父毋斯民者瀏覽而倍加修省焉異皆祥矣

宋文帝元嘉十三年餘杭縣高陵崩隤洪流迅激勢不可量餘杭縣劉道錫躬先吏民親執版築塘旣屹立縣始獲全宋書列傳

元嘉十九年夏四月戊申白龜見吳興餘杭太守文道恩以獻宋書符瑞志下同

元嘉二十年夏四月辛卯白龜見吳興餘杭揚州刺史始興

王濤以聞

廢帝昇明元年吳興餘杭舍亭禾黃樹生李實禾黃樹民間所謂胡頹樹縣志梁下引宋書

唐文宗大和六年夏五月杭州疾疫詔賜米二萬石賑杭州八縣萬歷府志下同

宋太宗淳化二年夏五月餘杭縣亢阜巳卯忽雷雨震驚大風拔木瓦片悉飄以爲龍經其地

眞宗大中祥符五年大滌洞中出五色雲洞霄圖志

高宗紹興五年八月臨安屬縣大水時洪水發天目山忽高二丈許衝塍塘岸百餘所漂沒居廬千五百餘家流尸蔽

入寺邑禾稼化爲螟草（續綱目）

紹興六年六月乙巳夜臨安地震有聲自西北如雷餘杭縣爲甚詔罪已求直言（文獻通考）

紹興十八年餘杭縣有牛生二犢一身（杭府志）

按舊縣志云牛生犢二首一身

紹興三十二年夏六月癸巳淮蝗飛入浙西聲如風雨至七月丙申飛徧畿縣餘杭仁和錢塘皆大蝗（萬曆府志下同）

孝宗隆興二年夏六月餘杭縣大蝗

乾道五年五月餘杭縣民婦產子青而毛兩肉角又有二家婦產子毛角亦如之皆連體兩面相鄉三家纔相去一二

畢痾氣同所鍾也文獻通考

淳熙三年八月臨安大雨水害稼癸未壞德勝江漲北新三橋及錢塘仁和餘杭縣田通志

按府志云萬歷府志及舊府志均載入二年今據宋史五行志作三年

淳熙十一年餘杭水災漂流民居萬數知臨安府張杓奏免本縣舊逋民歌舞之舊縣志

淳熙十二年餘杭縣有犢二首宋史五行志

十四年民飢發廩賑之文獻通考

光宗紹熙五年八月辛巳錢塘臨安新城富陽於潛縣大雨水餘杭縣爲甚漂没田廬死者無算宋史五行志

寧宗嘉定三年五月富陽餘杭鹽官新城大雨水圯田廬市郭通志下同

嘉定六年六月丁亥於潛縣大水戊子錢塘餘杭臨安諸縣水

嘉定十六年五月餘杭錢塘仁和三縣大水武林紀事

嘉定十七年春餘杭錢塘仁和三縣饑令帥臣賑之文獻通考下同

隆興二年夏六月畿縣餘杭大蝗

按通考嘉定二年八年皆有飛蝗入畿縣

隆興五年秋八月大水漂沒田廬死者無算舊縣志

按隆興無五年縣志誤

度宗咸淳十年八月癸丑大霖雨天目山崩水湧臨安餘杭民溺死無算發米賑饑宋元通鑑

元世祖至元二十八年春二月杭州饑發粟賑臨安餘杭於潛昌化新城等縣饑民府志

明太祖洪武五年七月餘杭山水暴湧漂流廬舍及人畜御府志

洪武五年八月乙酉餘杭縣大風山谷水湧沒流廬舍及人畜衆通志下同

洪武九年六月壬辰錢塘仁和餘杭三縣水下田被浸者九十五頃

洪武九年夏本縣大水詔遣國子生田齡等來浙驗災傷舊縣志

洪武十年餘杭錢塘仁和三縣水錢塘縣志

英宗景泰七年夏五月本縣霖雨五晝塘圮水溺入市居民不安舊縣志下同

按是年正月代宗被廢英宗復辟仍稱景泰七年

憲宗成化七年夏霖雨本縣大水決化灣塘淹沒田禾災及旁邑人民死亡無算本年免其糧之巡按御史郭瑞以原派紹興等府南京倉糧代之

成化二十三年秋八月五色雲現於西北方

孝宗宏治十八年秋七月本縣暴雨山水漂房屋傷禾稼人多死者

宏治十八年九月癸巳杭州府地震有聲餘杭臨安於潛昌化同日震武林紀事

武宗正德三年夏五月餘杭大雨水舊府志

正德三年夏五月大雨水溺南湖塘決漂流民居數百家舊縣志

世宗嘉靖四年秋螟蟲生發禾苗根株不實鄉民以油灑之飛而去少頃復來忽生黑殼蟲無數食螟遂盡

嘉靖七年四月餘杭縣旱忽然大風雷雨雹大者如碗小者

如鷄子較雨點更密人民驚走牛馬奔逸通志
嘉靖二十五年夏六月大蝗凡二日所過田禾草木俱盡秋
九月諸山虎聚成羣白日入民家傷人道路無獨行者見
傷不可勝紀且不可獵舊縣志
嘉靖三十八年餘杭竹生米甚多民間煮食之如大麥人云
是歲凶之兆西園雜記
神宗萬歷七年二月初五日辰時地震舊縣志下同
萬歷十二年大有年米每銀一兩糴米三石
萬歷十六年大疫大祲死者相藉
萬歷三十二年十一月初九日戌時地震河水騰湧起自西

北

萬歷三十三年有五色靈鵲翔集於縣署三日始去令程汝繼搆集瑞樓爲之記

萬歷三十四年南渠河清三閱月徹底藻荇可數

萬歷三十六年六月大水南湖北堤决漂沒民房街市乘船舉網

萬歷三十七年仍大水鳳儀塘决居民受漂沒之苦

萬歷三十九年獲白兎於護國山

萬歷四十一年初夏大蝗人共捕之集以千斛計投滅於通濟橋下秋大有年

國朝

順治十年四月諸鄉有虎警邑之太璞山前後忽見一巨獸馬形高可八尺長丈餘紫鬚披覆如髮白身黑尾人不敢近僅遙矚焉每逐虎至水涯而食之食間則飲水以潤吻嗣是虎患頓息歷四月五月不知其所之蹤跡向所食虎處唯見虎頭三四具及殘骨狼藉而已考之爾雅曰駮如馬倨牙食虎豹此即是也舊縣志

按爾雅駮如馬倨牙食虎豹注引山海經云有獸白身黑尾正與山海經合又爾雅疏云駮亦野馬名也其狀如馬其牙倨曲而食虎豹也又按山海經西山經云中曲山有獸如馬而身黑二尾一角虎牙爪音如鼓名曰駮食虎豹可以禦兵語與爾雅注小異并識于此

康熙元年春初浙右大饑餘杭尤甚餓殍載道舊縣志下同

康熙十一年邑八鄉七八月間禾苗正熟霪雨連綿忽生青黑蟲食稼殆盡又有蟲暗食鑽子一空者民不聊生隣邑皆然而餘杭更甚賴督撫二院題請蠲免知縣張思齊設法捐賑民獲生全

康熙十八年大旱南渠河水涸往來者于河底陸行達省禾稼盡枯饑民掘土煮食名觀音粉

康熙二十二年春大雨連綿數月大小麥將浥知縣龔嶸虔禱始霽民得亦收

乾隆十六年七月海寧富陽餘杭臨安昌化及杭州衛旱秦

旨賑恤巡撫永貴奏

乾隆二十七年七月大風雨山水驟至仁和錢塘海寧餘杭及杭州衛仁和場民屯田地竈被淹奉

旨賑恤府志

嘉慶九年夏久雨損稼米貴

嘉慶十年春雨損蠶麥米貴奉

旨賑恤

餘杭縣志卷三十七終

【光緒】餘杭縣志稿

（清）褚成博纂

清光緒三十二年（1906）刻本

祥異

道光二十一年十一月大雪丈餘屋圮無算府志

咸豐十年粵匪告警鬼哭徧野淫戮焚掠踰年始平采訪錄

同治十二年五月雷擊邑署照牆通濟橋城樓雨血府志

光緒二年五月夜有紙妖四出爲祟居民鳴鉦以禦之自夏至秋鉦聲達旦數月始息采訪錄

八年二月雷擊邑署大堂府志

五月民家豕生白象府志

二十四年四月民家沈姓蠶織白帽洋商以重價購之傳至彼國咤爲奇觀采訪錄

（清）汪文炳修　（清）蔣敬時、何鎔纂

【光緒】富陽縣志

清光緒三十二年（1906）刻本

祥異

春秋書災而不書祥蓋深恐讖緯符瑞啟人侈泰之心故以災異儆惕之也降至漢唐文人迎合神爵白鳳史不絕書而脩省之道闕矣書曰惠迪吉從逆凶知吉凶之故在人不在物茲篇於康熙二十二年以前悉仍舊志康熙以後除耆民外凡靈芝醴泉以及雙歧之麥重穗之稻概屏勿錄而水旱蝗疫有聞必登蓋欲以儆人事者迓天庥脩省有道則異轉爲祥而嘉慶一代闕如者遺老無聞焉

唐大歷元年邑水災人民漂溺無算錢令舊志云大歷以前時代曠遠史無可

攷姑闕之

貞元六年夏大旱舊志

太和元年春大疫杭州府志　四年夏大水害稼　五年夏大水害稼舊志

天復元年春三月大雪平地積三尺餘其氣如煙其味苦舊志

光化三年冬大雪富春江冰合旬日乃解杭州府志

宋元祐六年夏大水舊志

崇甯三年秋飛蝗蔽野田禾俱盡舊志

紹興十四年六月大水舊志

隆興元年秋七月旱蝗舊志

乾道元年春大饑邑殍相望　二年春正月霪雨饑舊志

淳熙元年秋八月大水害稼　五年春二月雨土　八年夏四月大疫　秋七月不雨至十一月歲大饑　十一年春正月辛卯雨土　甲寅復雨土舊志

紹熙四年秋粟生穭實　五年秋八月大雨漂沒田廬死者無算宋史五行志

慶元三年夏四月丙午雨土乙丑雨雹秋七月螟浙江通志

嘉泰二年秋九月野蠶成繭上聞輔臣入賀舊志

嘉定二年夏六月蝗　六年夏四月地震　十年春二

月地震　十一年春二月安仁村產瑞麥一穗兩岐

十四年春正月地震　十六年春二月雨土舊志

紹定三年夏五月淫雨四十日水圯田廬市郭禾穜皆腐又天雨黃霧入人口鼻皆酸辛几案灰積舊志

元大德三年秋七月歲大饑舊志

明隆慶二十九年六月辛丑寒氣逼人山中飛雪成堆至七月天始熱八九月仍熱如故人多裸浴里無不病之家家無不病之人杭州府志引李樂見聞襍記

萬歷二十二年看潮莊壽民俞鯨年百有三歲採族譜

國朝順治十四年秋七月地震水幾沸舊志

康熙五年春三月夜星殞姚家坡屋後聲如雷鼓村民曉發地中已成石大如斗色青黑腰有綫欵纏灼爍同金光解送會城撫院按驗時中丞蔣公令於轅門內試斫之刀刃不能損復令周以炭熾鎔之火盡益堅遂收貯諸庫舊志

十年旱舊志

十二年春正月六日大雷電舊志

十七年駠雉莊壽民陸世華年百有一歲　靈泉莊壽民張士明年百歲俱　旌百歲耆民額　大源九莊壽民章天進沐　褒五世同堂採各族譜牒

二十年春大雪夏大水

二十一年夏五月大水六月又大水秋無禾是年疫癘多虎暴舊志

二十二年有秋以上祥異悉遵郡縣各舊志不增一字惟壽民五世數條採族譜補入

雍正九年七夕江水暴漲田禾被淹奉恩旨蠲賑富陽舊檔案

乾隆十三年夏五月大水過城高三尺採桐廬縣志

十六年旱無禾奉恩旨蠲賑富陽舊檔案

二十一年秋上江洪水泛漲至富陽縣田禾盡没富陽舊檔案

靈峯莊民人朱學楠裦五世同堂夏啟賢妻

朱氏學楠女兒褒五世同堂長春莊民人徐永祚永佳俱褒五世同堂按永祚永佳係胞兄弟一年九十四一年九十一以上三家俱爲乾隆時人佚其年採各家譜牒

道光元年大疫鷄翅生爪

三年五月大雨連旬各縣皆報海溢七月復大風雨壞廬舍拔木田禾損盡

八年冬旱九月不雨至明年春乃雨

十年彗星見西方

十二年旱歲歉收米騰貴

十三年自春徂秋霪雨不止民大饑食草根樹皮

十四年大旱饑荒時疫流行餓殍載道市上棺木爲空

十八年彗星見東北

二十年冬大雪平地積四五尺山坳皆尋丈溪流冰凍厚尺許至明年正月乃解

二十三年六月朔日食既白晝如夜一時許

二十六年六月夜半地震訛言紙人祟人翦人辮髮並雞毛

二十七年秋大旱

二十九年夏霪雨浹旬田禾淹没米貴民饑

三十年正月十六夜有白氣竟天米仍貴民食草根樹

皮垂盡按自來妖異之多莫如 成廟一代之甚戾氣上觸乃釀成粵寇之禍東南民生幾無孑遺可不懼哉

咸豐三年三月初九夜地大震窗櫺屋瓦搖撼有聲廚中甑椀皆鳴

五年正月十一月俱地震屋牆破裂河水沸騰

六年夏亢旱秋飛蝗爲災米價騰貴

九年夏彗星見西北方光鋩閃爍形如帚長數百丈民間謂之掃帚星或云卽欃槍星月餘方滅

十年秋大源各山皆號嘯或云天鼓鳴

十一年冬十二月大雪兼旬平地高五六尺山中幾斃

丈居民避寇山中無處覓食餓斃無算

同治二年大疫三年賊退斗米千錢大兵之後又值凶年

鋒鏑餘生幾無噍類

四年夏大水沒城

十年二月城中大雨雹江陰里陸姓婦人一產三胎

十三年夏北鄉有蟲食松毛青松盡變黑洋漲食桃葉

旋有黑嘴小雀啄蟲殆盡至秋不害稼

光緒二年秋有妖人翦辮髮並鷄毛訛言四起謂夜間放

紙人壓人居民皆團聚一室守夜不寢市中銅鉦買缺

又言鷄生爪不可食鄉間鷄賤售無人顧問盡殺之

三年大源莊人四品銜蔣一山之母吳氏年百歲奉
旨給帑銀四十兩建坊并 賜貞壽之門額
六年春城中大火延燒下街房屋數十家
七年夏彗星昏見西北方一月乃止
八年秋彗星復見白光亘數丈天明乃隱
九年秋漁山一帶天雨雹大風拔村屋
十二年秋七月大水害稼西南一帶更甚洋漲鄉人哄
至城中向官求賑撫時官富陽者爲閩人遽以民畔告
與大獄按富陽無年不遭大水若水在五月暨六月初
旬雖害稼猶可補種民無大患苟至七八月間
民間謂之了花
水顆粒無收矣

十四年春大源山中天雨雹大風拔村屋而章村紫閬以及壺源各山均出蛟有七十餘處淹斃屋廬人畜無算蛟水過處橋梁盡毁

十五年八月至十月陰霾四十七日田禾盡沒并稻根亦朽浙江合省皆荒是冬及次年春官紳次第籌賑并奉
恩旨全蠲十五年分漕米　是年秋靈峯里戴姓婦人一產四胎

十六年三月三日西南各鄉雨雹有大如斗者所有大木盡拔木葉皆如火灼

十七年冬無雪

十八年十一月至十二月大寒多雪溪流皆冰

二十年甲午正月元旦日食元宵月食三月朔日又食

是年秋城中大火自周家衖起至西門止延燒繁盛

鋪面百數十家

二十四年夏米價踊貴斗米須錢八百枚至秋收稍平

二十七年五月大水過城高一尺上流漂沒人畜棺木

無算富人皆醵錢掩埋標識之壺源各鄉復發蛟水壞

田廬 按咸同光三朝或由採訪或由目覩故記之較詳

語云天道遠人道邇古有蝗不害稼虎自渡河者

苟能凝承修省雖異不爲災惟視

人之治忽何如也以上皆新纂

論曰三代後風俗惟東漢最淳而東漢風俗之淳由於

循吏之多蓋吏者親民民之觀感以上爲轉移至民氣
渻則各務正業田野盡闢民氣澆則荒嬉游惰不事生
產又況五事脩則休徵應五事失則咎徵應陸清獻曰
周家庶類繁殖由於鵲巢之化致中和而天地位萬物
育理固然矣然則風俗物產災祥三者皆繫屬不背而
其樞紐則握乎長民上者富陽僻縣　昭代以來賢
牧若長洽牛公武進惲公近今之涇陽劉公皆整己率
物勤政愛民至今民貧而不至於盜俗野而不至於蠻
未嘗非敷公德化之遺也邇年以來民情之好尙耳目
之見聞將有愈趨愈下之勢而物妖天變亦時有所聞

此尤不可不加察矣

富陽縣志卷十五風土終

（清）周頌孫等修　（清）陳秉謙等纂

【康熙】昌化縣志

清康熙十二年（1673）刻本

災祥

宋

景定　年邑西鳳凰山及馬篠諸山產瑞麥瑞粟時知縣劉宗憲爲賦于[illegible]有御葉詩入贊

淳熙九年夏五月大亡麥人食草木

十四年秋饑詔發廩賑濟

明

宣德七年夏六月大水

正統六年七月巡視浙江刑部郎中劉廣衡發粟賑九縣饑民

景泰癸酉甲戌旱

成化十七年夏五月箭竹生花明年結實如麥

弘治四年大水

六年夏四月大風拔木火光繞山少頃驟雨如注

十七年大饑時邑吏俞東明等以饑搆亂假稱貸爲
不從乃發燕樓鳴鼓譟曰民盡反矣令典史李弁
莫能禁遂出獄囚竟燔邑燬衆莫能禦分巡道范鏞
聞之亟往至於滸問令稽康曰民爲亂若何康對
曰義民戒裹于其肆鏞曰是一日責也機不可緩然渠魁
當殲而愚民脅從當憫汝其八井開示恩信令自首
乃可東承檄首宣國威大諭范鏞意出其衆多感泣
聞俄捕先境外鏞至擒倡亂者
數人餘皆勿問禍亍民深賴之

十八年九月庚子夜合地震有聲

正德二年大水

十二年秋八月蝗害稼

嘉靖三年蝗害稼

九年蝗入境不害稼

十七年八月竹生穗結實如小麥民採食之

十九年夏東坡池岸瑞蓮紅白二色重花並蒂不種而生

二十年及馬蓧山等竹開花結實採之而舂得黑色碎米食之瀉痢

萬曆十年秋蝗食稼無年

十二年夏小麥一莖雙穗

十三年民獲白兎申報院司

十四年春大水

十五年大水時各都蛟出山崩近山田漲爲砂磧者數十處十二都民有被洪濤洗沒者所壞室廬無算

十六年秋大饑自夏及秋三月無雨五穀皆槁斗米易銀二錢民食草根樹皮又多携負妻子販鬻棄死道路不相顧

十七年秋疫再饑時以連旱饑饉相仍加之疫癘徒死相望于道詔發粟賑復蠲田租之半

十八年秋旱

二十三年大雪

二十五年節竹生花結實時邑賴之以濟饑饉

崇禎十一年六月大水

十二年六月大水　壞民居田畝數十處淹死者近二千人

十四年夏旱疫

十五年疫秋大饑米每斗銀五錢餓殍載路

國朝

順治八年夏五月水傷禾苗　濱湖田廬甚衆斗米銀五錢

十五年冬民訛言紙妖有物夜來初時甚小漸大如人形入宮室壓人身上爲患間有膽力者闘獲視之乃剪紙所爲也

十七年冬竹生實

十八年夏旱民饑　頼採竹實及鋤蕨葛根拌粉以濟

康熙六年十月大風雹傷麥苗

七年六月十七夜地震

平地三尺行

八年冬大雪人有凍死者

十一年秋旱蝗災督院劉兆麒查勘被災實數

奏免秋糧十之三知府嵇　捐俸銀

十二兩散粟粥及勸民

助賑之有輸粟者人[illegible]

【民國】昌化縣志

陳培珽、曾國霖等修　許昌言等纂

民國十三年(1924)鉛印本

昌化縣志卷十五　事類志

災祥

宋

淳熙九年大亡麥人食草木十四年秋七月昌化飢詔發廩賑濟

嘉泰四年五月不雨

景定四年邑西鳳凰馬篠諸山產瑞麥瑞粟時知縣劉宗憲登獻于朝有御製詩入誌

明

宣德七年夏六月大水

正統六年七月巡視浙江刑部郎中劉廣衡發粟賑九縣饑民

景泰癸酉甲戌旱

成化十七年夏五月箭竹生花明年結實如麥

弘治四年大水六年夏四月大風拔木火光繞山少頃驟雨如注十七年大饑（時邑吏俞東明等乘飢刼掠分巡道范鏞擒渠魁數人餘皆勿問邑賴以安）

十八年九月夜分地震有聲

正德二年大水十二年秋八月蟊害稼

嘉靖三年蟊害稼九年蝗入境不害稼十七年八月竹生穗結實如小麥民採食之十九年夏東坡池産瑞蓮（紅白二色重花）

並蒂不種而生

二十年百丈山及馬篠山箭竹開花結實採之而舂得黑色碎米食之瀉痢

萬曆十年秋蝗食稼無年　十一年夏小麥一莖雙穗　十三年民獲白兔申報院司　十四年春大水　十五年大水時各都蛟出山題源山田變爲砂礫者數十處十二都民有被洪濤洗沒者所壞室廬無算　十六年秋大饑自夏及秋三月無雨五穀皆槁斗米易銀二錢民食草根樹皮又多攜負妻子販鬻棄死道路不相顧　十七年秋疫再饑時以連旱飢饉相仍加之疫厲徙死相望于道詔發粟賑復蠲田租之半　十八年秋旱　二十三年大雪　三十五年箭竹開花結實合邑賴之以濟飢饉

崇禎十一年六月水　十二年六月大水壞民居田畝數十處溺死者近二千人

十四年夏旱疫十五年疫秋大饑米每斗銀五錢飢殍載路

清

順治八年夏五月水傷禾苗漂沒田廬苗稼斗米五錢十五年冬民訛言紙妖有物夜來初時甚小漸大如人形入臥室壓人身上爲患間有膽力者鬪獲視之乃剪紙所爲也十七年冬竹生實十八年夏旱民飢賴採竹實及鋤蕨葛根杵粉以濟

康熙六年十月大風雹傷麥苗七年六月十七夜地震八年冬大雪平地三尺行人有凍死者十年秋旱蟲災督院劉撫院范查勘被災實數奏免秋糧十之三知府稽捐俸銀十兩設粟粥及勸民助賑之有諭文入藝十九年大雪連綿四十日二十年夏五月十八大水二十二年夏五月十一大水無麥四十六年夏無麥將熟積雨一月麥盡爛五十五年夏五月大水六

十年大旱自夏及秋三月不雨

雍正三年夏五月大水四年正月初五訛言兵至亥刻紛紛驚散不踰時遍傳全縣羣避山谷達旦 八月三都稻一莖兩穗八年夏無麥九月櫻桃花九年六月十二都產白鹿

乾隆元年大有年二年雨豆色花去殼有仁好事者播地仍生苗四年三月二十四日巳刻地震聲如雷鳴瓦屋皆動 八年八月二十四日地震九年七月大水平地成為巨浸漂沒田畝廬舍無數十二年五月十八日大水牛疫十三年牛疫殆盡夏飢斗米值三錢十六年七月旱戶部覆准乏食窮民即動常平倉穀遴委賢員核明戶口散賑

嘉慶五年六月十八日五七八都山水驟發田禾被淹勘實成災田畝蠲免地丁銀壹拾伍兩叁錢捌釐米肆石捌斗捌升貳合壹勺

道光三年夏五月大水十二年夏旱無麥蟲災十三年夏秋不雨蟲又災民大飢十四年歲大有二十八年十月大雪深積六七尺明年二月始消二十九年閏四月十七大水山崩石裂田積沙石漂壞室廬無算三十年夏秋大旱明年大飢

咸豐七年淫雨傷麥七月十六蛟水爲災壞民田廬彗星見西方長竟天十年閏三月初二日洪楊敗兵由淳竄昌十

一年大疫死亡無算十二月二十八日平地雪深五尺昱關擁塞行人斷絕越二月始通

同治元年夏秋疫徙死相望於道黎民幾無孑遺三四兩年歲大有五年五月朔地震十一日大水田屋橋梁冲坍無數

光緒二年七月彗星見芒經丈七年夏四月彗星見西方妖氛侵人妖獸狀如猫俗呼三足貓夜壓人身致有斃者秋大疫死亡無算八年夏大水秋大飢十五年秋八月淫雨四十九日稻芽長尺餘明年大飢斗米七百文居民采蕨及草根而食十七年冬大寒河水積冰堅數尺上可履人明春始化十八年

夏大旱二十四年大飢石米七千有奇二十五年正月朔日食二十六年十二月十二日夜大雷電以雨二十八年夏大旱三十年十二月二十六日雷三十一年日中有黑子三十二年飢三十三年夏大旱蝱害稼三十四年無麥

宣統元年夏五月大水七月大旱三年無麥秋蟲災

民國元年旱災（蠲免銀六兩七錢九厘米一石八斗二升三合）二年旱三年又旱民大飢米價每洋十六觔（蠲免銀二千三百八十四兩米三百七十六石二斗一升四合）四年正月初二日地震五六兩年歲大有牛疫七年六月二十四日夜寅刻霹靂一聲有流星數丈朗如日光是年八九兩月瘟疫傳染傷人無數八年五月初三大霜無麥九年

秋牛疫淫雨稻芽十年夏無麥斗米價洋壹圓

十一年閏五月初二初五初八日三次大水七月初十日水大較甚田禾雜粮盡被漂沒田屋堰壩礄路損失無算閩銀壹百六十五兩三錢三分二厘谿銀五兩六錢三分閩米四十石四斗一升四合七勺谿米壹石四斗九升三合八勺

兵氛

元

至正十二年秋七月徽饒賊犯昱嶺關進攻杭州他日復犯董搏霄連破復之按元史徐壽輝遣項普略引兵掠徽饒諸州遂犯昌化進陷杭城時董搏霄從江浙平章教化征安豐會朝廷命移軍援江南遂引兵薄杭州凡七戰復之諸縣悉平搏霄受代去徽饒賊復自昱嶺關寇於潛行省乃假搏霄參知政事俾復提兵討之搏霄曰必欲除殘去暴所不敢辭若假以重爵則不敢受即日引兵至

臨安新溪是爲入杭要路既分兵守之追殺至於潛既又克復昌化及昱嶺關降賊將潘大淵二千人後人思其功附祀于邑之三賢祠

十六年二月賊衆犯昱嶺關　守關士卒走北盜入境侵掠至於潛時丞相達識鐵睦邇授行省左右司都事沈率兵討禦屢戰克捷遂乘勝收復關門時三月二十八日也詳見王文忠禕碑銘

十八年明朱文忠破苗獠於昌化　通紀文忠以舍人統兵援池州進攻青陽等縣兵皆下之復擊破敗元院判阿魯恢兵于萬年街遂破苗獠于於潛昌化獲其婦女輜重甚衆文忠恐士卒恃此驕富莫有鬬志因激怒盡殺所獲焚其輜重曰此何足惜能勞力破敵何患不富貴乎衆咸奮勵進攻淳安

明

清

崇禎十七年流寇逼境　知縣劉鼎率民兵禦追于於潛下浮溪(今名下步溪)遁去

順治三年正月平塔賊來擾邑黨衆數千酷索民錢動數百計邑中惶擾無虛日督院張命兵討擊賊潰散去

四年山賊亂時賊黨紛出聚衆千餘焚刼民居肆行酷虐聞官兵追捕則逃入他境退復猖獗爲患數年之內殆無寧枕賴駐防參領陳隆及殿州游勳閏飛虎前後率兵追討斬獲無算漸次得平

新增

咸豐庚申年洪楊擾昌居民被難於龍塘者不知凡幾內有湯生杏庭善乩卜衆於明瞻禪師偶像前焚香扶乩即降壇乩諭云吾自龍塘掛杖以来幾更時代矣保障一方永望人人康樂顧瞻萬姓堪憐個個驚奔治亂循環國家代有第嚐昔之亂誅其君而不及其民晚近之亂醜於民而非關於君明時蜀寇侵西北豈無故哉刻下粵匪擾東南良有以也習積醆丁心迷利己男遊柳巷女走花街罪惡衆已貫盈寃讐定須報復既生賊而復生匪俾如梭而更

如饒莫謂刼數無憑冥寘中最爲子細勿恃山居雖至豺狼響豈憚辛艱此被殺彼被擄民命輕似鴻毛前者往後者來賊踪密如蟻陣雖蓄步過寧亥寄身總在鹽竇即多謀比亮豫挾策難干天命淫入婦而賊淫爾婦百年辱在片時剝人財而賊剝爾財千金化於一且名爲以人殺人人不改殺亦不止實則以惡報惡惡彌大報亦彌深白雖奉案前乞命未奮獲命紅羊連村落樂郊盡變荒郊已遭刼歲誠足悲矣未被害者不亦危乎聞風聲兮鶴淚見月色而雞嚼直如羊件虎眼竊恐首隨爪落徵寧依爲脣齒脣亡則齒皆寒淳於灌作源流源涸而流亦竭野獸務盡獵狗方烹土馬將崩眞龍乃現爾本無德無能免前不能免後我總曲防曲衛抗賊覺敢抗天況大兵到處必有大荒刀刼而還更有疫刼已往之災有限將來之苦靡窮若能洗滌自新即是保身良策倘復貪淫如故定遭滅頂之凶速修德以蓋愆毋貽罹而成患

唐昌遭刼紀事詩

邑廩生方以銳 穎峰

星分牛斗一微封（杭屬星分牛斗） 五百年來大刼逢（我昌自元末遭紅巾迄今五百年矣）

慘目傷心多少事 強携斑管略形容

歲在庚申月閏三庚申閏三月朔粵匪由淳竄昌八都居民以二月間有淳匪數十擄掠七都法慧寺民團舉邑令汪論正法廿餘名至此猶疑淳匪云訛傳淳匪擾昌南鑼聲祇聽村村遞眞贋模糊總未諳

萬家劍戟共摩挱滿望歸來奏凱歌戰罷始知淳匪誤粵匪大股擁犯縣城民團每以淳匪輕之及敗北始知是誤空教兒戲逞干戈

人遭殺擄屋遭燒太息昌南最寂寥昌南居民半遭殺擄房屋燒燬殆遍西路豫防兵發慘居民齊守太平橋西路民團連日對壘陣亡無數後在太平橋齊心守禦以俟章紳乞援賊不敢逼

登樓作賦讓閒曹賊犯縣城樓杏園司訓告假旋里守土如何也遁逃邑令逃避最恨庠東星夜隕一門殉節共稱高時高廉舟秉鐸一門殉難士林悼之

老當益壯奮雲程借作借行著義聲昌南貢生程雲衢年六十餘率鄉團殺賊遇害

始信成城須衆志頗教粤匪一齊清時四路民團攻擊賊乘夜遁去

落盡榴花又藕花忽聞寇至共諠譁六月十四賊目四眼狗由於邑千秋關犯昌邑紛

紛老幼忙逃避幸有將軍並出車劉協鎮芳桂同弟芳成禦賊於長春橋

景華門外賦同仇國士成雙爲國憂庚癸雖呼猶禦寇婆心一

片共稱劉時軍中乏食二劉公猶率兵力堵賊始退竄於邑

賊從迂道兩邊攻早在劉公意料中劉公偵知賊欲包抄且因乏食不能久持暫退昱嶺關

退守昱關原有識莫將勝負論英雄賊追至手擎司劉公殿後

驛使初傳嶺上梅萑苻又報睦州回十月十四日賊目練氏范氏由殿淳竄昌過昱嶺關

長春橋外空流水前度劉郎不再來

從古唇亡齒即寒跳梁小醜敢盤桓（八月廿六日徽郡失守昌故賊膽敢過昱嶺關）西自此遭蹂躪昱嶺雖過亦苟安

節屆嘉平漸及春又聞紫水擾紅巾（十二月初九鐵逆由寧國過千頃塘直犯昌城）一時鄰邑妖氛逼（杭屬臨於新及嚴之桐廬分水湖之孝豐安吉俱被賊盤踞）何處桃源好避秦

犬羊假意說安民民計偷安認作眞卻怪窮經俱秀士也爲渠斂僞權臣（逆設僞鄉官有爲從者有甘心附賊者不可不辨）

奔波晝夜剝脂膏牛入羊貪牛自叨（時僞鄉官有假賊名私捐財物者）猶有鄉間無賴子甘投逆匪興偏豪（逆設僞榜招軍鄉間無賴子自投不少）

擾攘幾忘歲月遷勸君草草過殘年一聲爆竹雖除舊蟻穴蜂

攢總似前（次年辛酉賊仍未退）

開門揖盜計原疏除惡如何不盡除（二月二十三日馬鎮方某同山下陳某忽起議滅十都十一都兩都賊卡奈賊目巢穴未搗反因是遭凶）畢竟渠魁圖報復鴟張角逐擾鄉閭

一戰歸來氣尚雄（廿五日擊賊於太平橋）民團齊守柳營中（株柳鎮札營）鼓衰力盡終應散（廿八日午後纘賊於手寧司我戈倒北退守鳳凰嶺）邨落齊遭一炬空（三月初四賊來圍散昌西民房燒燬殆遍）

未及奔逃盡斷頭（此番賊至未及逃者均被殺）虎狼到處不勝愁昱關又報來戎馬（初五日僞干王又由昱嶺關來）擾攘干戈幾日休（逆在昌數日即退）

春歸漸見熟黃梅鴻雁嗷嗷實可哀滿望充饑炊麥飯誰知賊又後先來（四月初十侍逆由鎮邑竄踞十一都十一日耶藍二逆又由昱嶺竄踞十都）

山谷豺狼遍肆狂（十都龍塘山千畝田十一都大凸頭各高山擄掠殆遍）可憐茅舍遇紅羊（山間避難草舍又被燒燬）丁男子婦半遭刼原野屍横亦足傷（殺戮無數）

吁嗟無麥又無禾（時逆遍地麥不登禾不敢播）奔走相逢喚奈何平日朱門安坐客而今也賦采薇歌

兩都何日靖妖氛鶴淚風聲逐逐聞纔過麥秋蒲節至單于遁去後先分（五月初四藍郎賊退竄淳安廿三桂賊亦退）

粟米麻絲一洗空斯民莫不賦哀鴻鵠形菜色般般是縱有丹青畫不工

瘴海鯨鯢何日平由來困極得逢亨客冬假意安民賊今夏纔訴共龎清（客臘犯昌鐘逆至六月廿一始退）

刀刼纔過疫刼偕死亡相繼痛予懷不分貧富無棺斂黃土聊將白骨埋

倏然禍變起蕭墻蟻附蠅營恨畢郎團練虛聲猶可盜千名犯分太荒唐（昌南鄉宗城買納五品銜頂假團練爲名私坐公堂嚴行拷訊逼勒僞鄉官財物）

居然五品耀鄉紳軍令森嚴假作眞（宗城假造軍令三道擅加殺戮）笑倒無才癡蠢甚不思直道在斯民

自有荆榛應翦除瀆刑何得受苞苴（自投逆匪者應加誅戮不宜受賄）爾曹果抱安民志盍試聲威鼓角初

正名定分主誰何幸有將軍馬伏波（邑令汪往省未回典史馬奉憲扎率令十二都民團將宗城等就地正法）一旦羣凶都迅掃黎民共喜免煩苛

未雨綢繆隱斂廬靜觀自得樂何如聊將刼數從頭數留作他年紀事書

遭災記事　畢端書

歲次辛亥日躔降婁粵匪跳梁皖城解瓦江南北半被鯨吞浙東西同驚鶴唳黃中丞竭力圖維三關齊整咸豐三年二月南京失守浙巡撫黃名宗漢發帑築餘杭獨松關於潛千秋關及我昌昱嶺關聚兵卒守之張京堂壽忠防堵七里安營江周都司馳驅奉命徽池關塞保障無虞張京堂名芾屯兵江浙之間江周二都司招勇救援於昌民得安業然而白旂紅旂人又思亂於匪趙四喜結黨多人人附之而爲害猶小時我昌邑主程飛揚於邑與趙通欵曲趙遂肆行無忌程密稟巡撫委道憲徐集鄉勇盡其類而誅之蛇變虎變天則示災庚申正月八都雨如蝦狀歸視之皆小蛇滿田皆是河橋石壁灣虎常往來雨餘爪跡猶存爾乃

四安驚而湖城如朝露獨松入而杭省泣沙蟲轉敗爲功瑞將軍聲名赫濯登陴退賊張提督戎政威嚴二月賊入杭州瑞將軍堅守滿營三日張提督兵到登城賊即遁去當武林克復之日正唐昌團練之時胡爲兵屯富春而大掠民皆寒心師經縣治而索銀官猶驚膽米軍門師經昌治得羅中丞乞援之客遲遲我行聞杭城圍急遂入富陽而大掠迨杭城克復賓協鎮兵退屯縣治販貨所掠貨物賓持劍入縣署將劍擊縣主案上縣主汪告急於督辦防堵秘密令紳士程章等率民團逐之法會妖僧開嚴賊之禍法會僧通淳安人搶運寺中財物祕公紋民兵勸之沈嶺逆匪啟逃兵之訛三月二日粵匪犯沈嶺或以爲淳人因法會之故或以爲賓協鎮之兵假扮長毛祕公率紳紋勇接仗殺賊無算札營於赤石會天大雨火藥無力賊冒雨冲陣犯河鎮及縣治逆氛七日烽火燭天生靈萬餘肝腦塗地逆據住民房自入都至白牛橋凡五十里屍血遍地老幼婦女率避高山而壯丁猶與接仗逆經七日遂竄入分水凡陣亡者千餘人遇害者萬計自

此以後何日能安季夏賊犯東關境後勁李軍維千逆援昌後王巡撫遣候補縣李守於邑下步溪引兵千餘防禦孟冬逆來西樂延前度劉郎不再六月逆犯昌王長春備協鎮劉公諱芳貴殺賊無算旋拔營至富陽劉殉難至十月逆來無兵防守自大柳至昱嶺如入無人之境矣於戲鬱塔嶺而紅羊刼臨犯腰鋪而白牛匪聚十一月下浣賊犯大塔嶺屯白牛橋戕民反道安民送禮何其敗禮刼掠十餘日誘民下山返舍逼令送禮而助逆爲虐者起矣僞立都官鄉官兼取百長十長愚督受其脅制豪暴藉此肆橫宜其義士興兵長驅赤石惜乎團兵無紀旋返藍坑淳安義士吳湛廬會淳昌兩縣人民共攻之兵無紀律賊愈猖狂而刼掠焚殺更甚爾乃老幼食薇蕨於首陽賢哲訪烟波於南浦避鄉難而避山亦難搜廬毒而搜洞更毒昌地百餘里賊跡幾遍民於深幽處築廬以避寇寇至焚廬索銀銀巳空仍不免其命七都五都均有石洞可容數十人寇於洞外放火

以烟黨之洞中無一生者叩院請雄師猶伸義士之氣屯分厲銳卒幾斷逆昌民赴省告警王中丞遣羅大春統兵到分水使先鋒至紫溪探賊賊聞之東裝將遁後偵知羅兵返嚴賊遂黨之魂復踞數月自冬及春及夏二百日塗炭若何由於犯分犯桐四五縣蹂躪至此圍桐州而民不聊生桐州四面沿江昌民避此最多張玉良兵退守江干匪闖桐州人船均被擄困浙省而士多靳死洪韻文生方其芹竄壽華及室山韓發林等聞杭城失守不食而死六邑民團雖散一時義氣猶雄王中丞勸富陽沈師進合六縣民兵以防匪東竄時有羽書到白下遺僞官至再至三昌民即陽民也犯吾境無冬無夏粤寇其流寇乎賊酋遣其黨百餘來縣安民見其勢猛則避之其勢懈則逐之凡防禦之處賊不敢入無如賊氣擾攘松柏彫落運糧數百里斗米二千錢流亡居懸磬之家婦女悲無草之野人相食而客旅喪魂天雨荳而士民驚異辛酉壬戌

道殣相望人相食雲川馬屋有殺子女而食之者癸亥冬天雨豈數十里至今猶有野豈焉雪夜長驅天上下將軍矣左少保宗棠任浙巡撫由屯溪打開化會天大雪日夜行百五十里海舫迅至民間望雲霓乎蔣方伯益澧由常山克復寧波紹興攻金嚴先攻龍游幾乎三年破斧復鄞慈即復溫台勇哉一鼓成勳左少保自辛酉冬攻龍游至癸亥正月克龍游及金嚴蔣則由寧紹而札富陽由是分水扎營士民有托庇之處自庚申迄甲子賊自南而西或自西而南民撫處逃生至官兵屯分水避難者率往洪嶺室山爲其近分水也衢州請命跋涉來救世之官省城被圍邑主汪不知所終壬戌秋麋生章藻赴院請官時左少保在龍游即遣江公赴昌化任牛種穀種頒來無疆惠我發銀發衣備至爲善其誰蔣方伯給發牛種穀種被胥吏侵蝕而其恩不可忘且又發銀發衣以救凍餒江公寬仁居顛沛而躬行節儉江公度量寬洪嚴禁吏胥勒索有訟事則出一差只准取人家錢七十文又嘗自食六穀飯邵君明敏禦強暴而獨具權衡

賊退杭郡湖州一勝更能再勝營築駱村馬屋後劉續邁前劉先是劉公芳貴長春著績癸亥秋劉公光明屯兵下阮札營於河東兵有紀律與民間秋毫無犯省城克復逆入湖州南京克復逆又入湖州數次逃匪均竄我昌西鄉劉公接仗屢勝斬賊酋黃老虎四野從此又安逃亡漸返七年疲於奔命魂夢猶驚矧夫鱗册散亡產業難考胥吏舞弄需索恒多而以視流離之秋究有天淵之隔也嗟乎不遇患難不知安樂瘡定思痛安不忘危謹將聞見之顛連略書巔末爲告承平之君子無忽鑒觀

（清）陸文煥纂修

【康熙】臨安縣志

民國鈔本

祥異兩岐九穗固祥也雉鼎桑穀間出以示警豈盡爲災因易災祥爲祥異云

晉建興四年玉册見於臨安

宋建炎三年五月大水山水暴出壞民廬田桑溺死者甚衆載宋史

紹興五年八月大水洪水發天目山忽高二丈許衝決塘渠百餘所湮沒屋廬千餘家流屍散入旁邑禾稼化為腐草載綱目

三十年五月大水載宋史

興隆三年七月大水七月己酉天目山暴水決臨安縣五鄉民廬二百八十餘家人多溺死載宋史

淳熙十四年大饑發廩二十萬石通賑臨安府九縣載文獻通考

紹熙五年八月大水載宋史

嘉定二年六月飛蝗入臨安載輟耕錄

咸熙十年八月天目山崩八月癸丑大霖雨天目山崩水湧安吉臨安餘杭溺死者無算九月發米分賑臨安載武林紀事

元至正二十八年二月饑癸巳遣行省行臺官發粟分賑臨安載元史

明宣德三年十一月饑杭州府奏將預備糧一千三百九十六石驗口賑饑載實錄

四年十一月饑杭州府奏借官倉米一千五百九十石賑濟載實錄

正統六年七月饑巡視浙江刑部郎中劉廣衡發粟賑杭州九縣載實錄

嘉靖二十四年大饑人食草根樹皮饑殍滿路

二十五年多虎患虎聚成群白日入民舍傷人路無獨行且不可獵

三十四年倭寇郡城分劫至臨安令魏希古築土垣禦之

萬曆十三年大稔米價每石三錢

十五年水

十六年旱大饑餓殍載道詔蠲租十之七仍出內帑金命給事楊嘉會賑之

二十二年泮池開瑞蓮觀音寺生瑞竹

二十四年冬大雪平地積四尺餘至三月方消

二十六年大旱令蔣仁奉檄發常平倉賑之

三十二年九月地震

三十六年五月大水水入縣治高四尺諸鄉壚塘皆潰人多溺死時發內帑銀九百兩米豆一百六十二石仍開預備倉穀六百石以賑

三十七年八月大水

三十八年六月泮池產瑞蓮二海鳥至蓮一本數蕋鳥黑色大如車輪

秋大稔

天啓五年大旱

崇禎十三年大饑流離載道草根木皮俱盡餓死者枕相藉慶雲鄉舄民陳二十八殺人以食事露死於法

國朝順治十二年旱大饑

十八年旱大饑

康熙七年地震生白毛長尺餘

十年奇旱大饑 部 撫二院

題請蠲免地丁銀三分之一令陳提知鄉紳駱鍾麟等捐貲設法賑濟

論曰楊慎有云禹貢紀山川不紀風俗風俗由乎上之教也武肅王跨有吳越及歸以十錦名其鄉故衣冠文物甲于他邑所從來矣語云人道邇天道遠春秋之法災異必

書何居洪範曰王省惟歲卿士惟月師尹惟日不聞前史有反風滅火虎負渡河者乎默回氣機是所望於良司牧云

風土志卷之八終

【宣統】臨安縣志

（清）彭循堯修　（清）董運昌、周鼎纂

清宣統二年（1910）活字本

祥異

晉

建炎三年五月大水壞民廬桑田漂蓄甚衆

宋

紹興五年八月大水水發天目忽高二丈許衝決堰渠百餘徑浸廬舍千餘家屍流

入旁邑禾稼盡篇竊草

三十年五月大水

興隆三年七月大水壞民廬二百八十餘家人多溺死

淳熙十四年大饑發廩二十萬石賑臨安府九邑

紹熙五年八月大水

嘉定二年六月蝗

咸熙十年八月天目山崩大霖雨山崩水湧安吉餘杭臨安溺死無算九月發米分賑

元

至正二十八年春饑遣行省行臺官發粟分賑

明

宣德三年十一月饑　杭州府奏借預備米一千三百六十石賑濟

四年十一月饑　杭州府奏借官倉米一千五百九十石賑濟

正統六年七月饑　巡視浙江刑部郎中劉廣衡發粟賑杭州府九縣

嘉靖二十四年大饑　人食草根樹皮饑殍滿路

二十五年多虎患　虎聚成羣入舍傷人路無可行且不可驅

三十四年倭寇郡城分刼至境　邑令魏希古築土垣禦之

萬曆十三年歲大稔　米價每石三錢

十六年旱大饑　餓殍載道詔蠲租十之七仍出內帑命給事中楊褰會賑之

二十二年泮池開瑞蓮　觀音寺生瑞竹

二十四年冬大雪平地積四尺餘三月方消

二十六年大旱令蔣仁奉檄發常平倉賑之

三十年五月大水水入縣治高四尺堤壞決人多溺死發內錄九百兩米壹二百六十有二石預備倉穀大百石賑之

三十二年九月地震

三十七年八月大水

三十八年泮池產瑞蓮二海鳥至蓮一本數蕊鳥黑色大如車輪秋大有

天啓五年大旱

崇禎一二年大饑人相食流離載道羅雀掘鼠草根樹皮俱盡死者枕藉慶雲集民陳

廿八殺人以食事露死於法

國朝

順治十二年旱大饑

十八年旱大饑

康熙七年地震生白毛長尺餘

十年亢旱民大饑

四十八年大水

六十八年夏秋大旱

雍正五年蛟出山水暴發

乾隆五年大水壞民田廬

十三年大旱米價每石三兩

十六年旱給籽本

二十年虫害稼米價每石四兩五錢借常平倉穀一萬一千石零兼運蕪米糶濟

二十一年虎傷人近城爲患

嘉慶元年大雪諺云嘉慶元年積雪齊簷

道光十三年夏秋大旱

十四年歲大有

二十八年十月大雪深積八九尺明年二月始消

二十九年大水蟲傷稼

三十年夏秋大旱

咸豐七年九月朔蛟水爲災彗星見西方長竟天

九年粵匪僞忠王竄境

十一年大疫冬僞輔王竄境邑人拒賊多死於兵

同治元年夏秋疫時大兵之後繼以大疫死亡枕藉邑民幾無孑遺

光緒二年六月十四日大水壞民田廬七月彗星見芒經丈八月妖氣傷人妖獸類狀如貓乘夜壓人然有覺者具金鼓聲俗呼三足貓又有邪匪號林朝國者竊發於西北鄉焚廬劫掠民多逃竄邑令會紳兪廷猷徐芳等帶團捕斬巨魁四十三人境始靖

八年大水民乏食浙撫發粟賑濟并給銀令各里造倉由民捐穀備荒

十五年淫雨傷秋稼稻芽長尺餘明年祈縣發粟委邑紳工部員外郎周瓊胡仁壽等調查賑濟時有妖僧潛匿北鄉水淋坑乘饑煽惑衆徒創亂捕斬始靖

十七年冬大寒河水冰堅數尺上可履人

十八年夏大旱

二十四年饑米價大千有四

二十五年正月朔日食既

二十六年十一月十二日夜大雷電以雨

二十八年二月望月蝕

三十年十二月雷

三十一年日中有黑子

三十二年饑發糶義倉穀飢民擁糴令李登雲設座族石亭親督彈壓始安時有青冊逸匪潛入東南兩鄉圖創亂李令會遊紳錢慶餘朱啟曾趙浚等帶團擒獲梟目吳對狗趙寶善等斬以徇

三十三年夏大旱螟蟲傷稼多火災夏七月彗星見東北明年多大水

宣統元年夏五月大水壞民田廬六月大旱明年米價大千餘

臨安縣志補

姚祖義纂

浙江省圖書館藏稿本

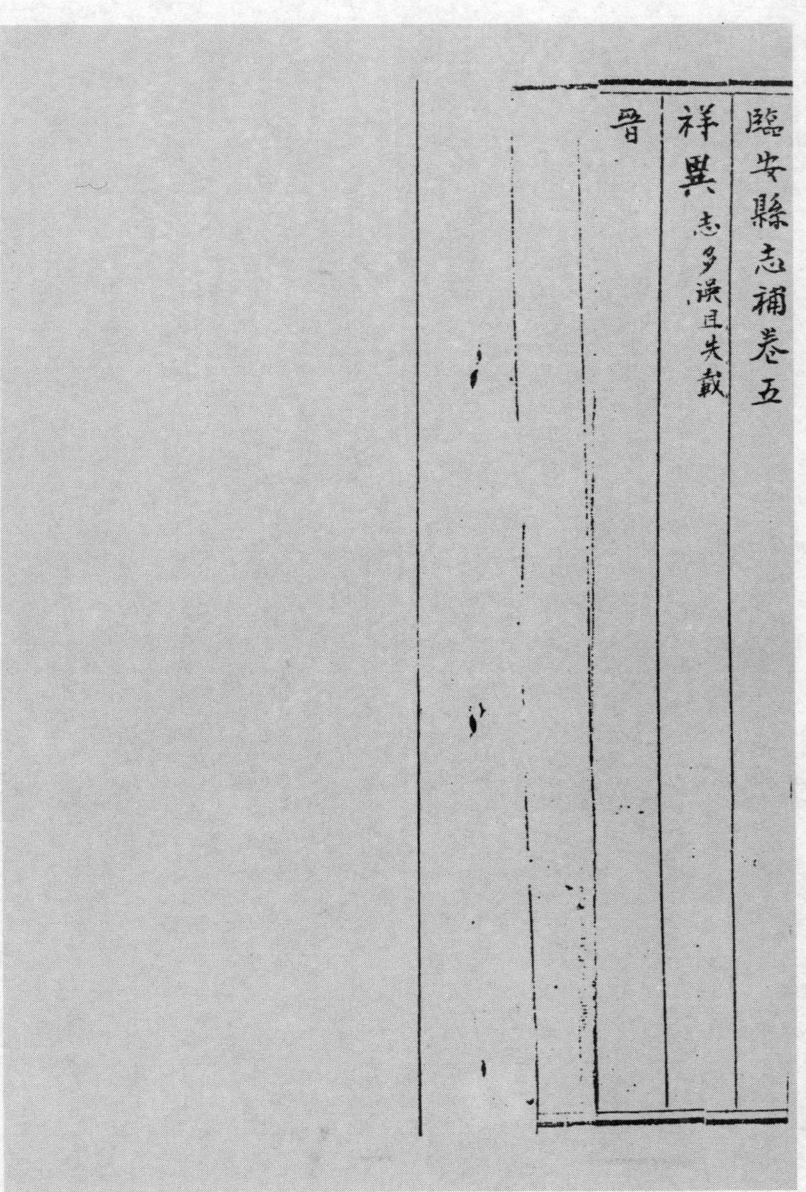

臨安縣志補卷五

祥異 志多誤且失載

晉

愍帝建興四年有玉册見於臨安　劉曜陷長安愍帝出降瑯琊王司馬睿檄召天下兵尅日進討時有玉册見於臨安人以為東晉復興之象采晉書及淳祐志禎舊志誤收入古蹟

唐

宣宗大中五年臨安縣大旱　六年臨安復大旱吳越備史

宋

大中祥符五年大滌洞中出五色雲洞霄宮志

乾道三年志誤作隆興五年七月天目山湧暴水臨安縣五鄉壞民廬二百八十餘家人多溺死宋史五行志

紹興三十年五月臨安山水暴出壞民廬田桑死者甚衆

杭州府志

明

宏治十八年餘杭臨安於潛昌化同日地震 武林紀事

嘉靖十三年臨安民家一産四子長六七寸 留青日記

四十八年天目山崩石下出蛇千餘條 仝上

三十九年天目山發洪水臨安大水灾傷 仝上

四十三年四月臨安大雨水 仝上

萬曆十五年臨安大水 仝上

清

康熙二十四年有僧九人從餘杭入臨安盡化爲虎害人三述異記

嘉慶九年臨安縣陰雨連綿麥豆被淹蠶絲歉薄當諸庵主弟子記

十九年旱郵政奏案

咸豐六年大水旋又大旱自四月至九月不雨成奇災仝上

同治六年水旱風雹潮蟲爲災仝上

光緒二年自夏徂秋水旱相繼郵政奏案蛟發二十七

所北鄉有二山忽合而爲一 杭州府志

（清）程兼善纂修

【光緒】於潛縣志

民國二年（1913）謝青翰石印本

事異志

茫茫古今天地人物之傀奇錯出皆由造化之自然習見爲常少見爲異况歷世久遠傳聞異詞即以一邑求之有其事而失傳者多矣無其事而誤傳者亦正不少

聖世建中和之極斂錫庶民務乎常使人勿惑於異也知爲異使人勿亂其常也明理者分別觀之附會穿鑿之疑可釋矣

靈異

仙鋸石在天目山頂相傳昔欲駕仙橋而未就者石幾二十餘扇高者五六丈橫踰二十餘丈片片如鋸略無斧

杭州廣文公司代印

鑿痕厚者六七寸或尺許薄者僅一二寸嶄然一線可
穿有半解者剖解者有未破者縷縷如繩墨所界信鬼
劈神裂化工之奇妙無過於此也云是四仙人所解或
云秦始皇驅鬼兵解之

圖經云天目山三十六洞每秋必有風雨晦冥俗謂山神
與江神會也

山神作白鹿形每五月與震澤龍會必暴風雨焉古記
按禮經云名山大川能出雲降雨見怪物曰神神會
之說頗不足據然山澤通氣卽謂神靈所憑依焉可
也

龍池宋時旱禱嘗遣使爲幣請禱投於池洄漩泝流而上
既而沉如有物掣之或少頃復浮而出凡禱皆然

雷神宅在開山殿前彦子寶謂蘇東坡天目佛視雷雨但聞雲中嬰兒聲不聞爲雷也 蘇軾詩已外浮名更外身區區雷雨若爲神山頭只作嬰兒語無限人間失箸人

天目澶有石龍鱗甲悉具是多石蘇子並黑背朱腹似蜥蜴而五爪者則背黃碧色天湖亦産異魚人莫能捕或云潛龍也 錢塘志新山狀龍洞多石龍好事者竊於窯試之龍化云

白猬玉瓶沈杏三異古記云藏於天目之象鼻峰世莫能見想山川神器必有呵護也 天目山志

仙桃古記云昔人摘獵阻雨石城之外見林間有白桃一顆摘入手如冰忽復變紅其熱如湯采木葉裹之藏有囊中及山下捫之猶在頂至家惟存木葉耳 記

仙芝昔有採藥者見崖端芝草一本五色爛然乃攀長竿

採取其色漸隱越數日巖左右各出一本皆翠色[illegible][illegible]不敢復取咸淳志

牛臂佛 元大德丁未天目泉麓里人買二牛臂剖其一中得佛像一軀高尺許非金非石結跏趺坐眉目可辨送累璧嵌為塔藏之若見若聞咸生異信僧幼住有偈

雲海 天目山俯視卧雲一碧如海諸山尖出雲上若萍李白詩所謂仙人東方生浩然弄雲海沛然乘天遊獨往失所在者此也

霧淞 陽霧自下而升凡松竹杉檜葉底漸積至寸而墜後地積尺許葉青翠如故惟草莖純白而枯者更光潤履之則乾從風化而不溼經潘恢之記池極高寒春冬之夕遇霧則蔦木凍為珠玉有作玻璃界者然亦不數見也以上

舊志

咸豐十年大覺寺山門內泥塑二神將身高丈餘一夜忽失所在塑蹟絕無

縣北四十里蓮花峰大覺禪寺前有銀杏二株大數圍鄉人價售於人將伐矣有馮姓者夢白髮叟二告馮曰我等明日有災特求援救醒而異之次日見有持斧來砍者乃悟夢中二叟樹神也亟償以價遂勒石以禁砍伐

縣東周寬庄楊家阪沿山水口有大樹一株圍七八抱葉靈異有翦其枝葉者輒不利其家人無敢望焉以上新纂

休咎附蠲賑

漢熹平元年妖賊許昭據越王城皇甫嵩討平之

宋順帝昇明元年冬十月於潜桃李荣實宋書五行志下同

二年於潛翼異山一夕五十二處水出漂流民居

南宋高宗建炎三年夏五月邑大水山水暴出壞廬田溺死甚衆

紹興五年八月洪水發天目山忽高二丈許衝齧塘岸百餘所漂沒屋廬千餘家禾稼化為腐

十九年十二月於潛生瑞芝

三十年五月辛卯夜臨安於潛山水暴出壞民廬

寧宗開禧六年夏六月邑大水

光宗紹熙五年八月大雨水

度宗咸淳十年八月癸丑大霖雨天目山崩水湧流溺死者無算

元至元二十八年遣行省臺官發粟賑於潛等縣饑民三

正十二年敎饒賊寇於昌董搏霄連破之元史敎饒賊自昱嶺關寇
於潛昌化行省乃假搏霄爲叅知政事俾復提兵討之
即日引兵至臨安新溪是爲入杭要路既分兵守之而
始進兵至叫口及虎檻遇賊皆大破之追擊至於潛遂
復其縣既又克復昌化縣及昱嶺關降賊將潘大淵二
千人舊志搏霄臨
邑時駐兵鳳山

十八年朱文忠破苗獠於於潛昌化

明永樂二十二年十月於潛饑賑之

宣德三年九月賑於潛饑

四年十一月臨安於潛二縣歲荒民饑共發官倉米一
千五百九十石賑饑志

六年十月賑於潛縣饑

成化　年大旱歲荒貧户流亡

正統六年春夏並旱七月巡視浙江刑部郎中劉廣衡發

杭州廣文公司代印

粟賑九縣饑民

宏治三年邑大歉

十八年九月癸巳地震有聲

正德九年於潛歲荒

嘉靖六年天目山崩田藝衡留青石札云山崩石下出蛇千餘條（二申野錄載十八年六月）

天目山朱陀嶺開銀礦勞民傷財且致四方之盜集焉

三十三年於潛歲大祲

三十九年七月天目山發洪水（見二申野錄）

四十一年縣饑

萬歷九年歲遇奇荒

十六年縣饑

二十四年天目山後開礦中使驅擾地方得不償費邑民苦之

二十六年九月巡撫劉元霖奏准於潛縣被災八分蠲免三分

崇禎十四年歲大饑野有餓殍

十七年流寇入境昌化令劉時卒民禦於於潛下浮溪遁去昌化縣志

國朝順治二年殘兵朱大典方國安道潛遁走國安兵流殘性焚燬侯據潛山谷無算免災

五年山賊姚三據天目肆掠十二年三就擒餘黨悉平

十年邑荒復饑民食草根度活

十八年縣饑巡撫朱昌祚題蠲額課有差

康熙十年邑大饑自五月至八月不雨高下田無粒收首知府孫宗彝行縣勘荒撫憲范承謨題請照勘荒分數量蠲條銀

十八年大旱復遭蝗災

三十年長前鄉民湯桂發妻王氏一產三男

三十二年四月不雨至七月田禾未秧

三十六年夏旱至秋方雨一雨即霜禾多不實

三十七年波前鄉民章應兆一百歲

六十年十一月戶部覆准欽旱於潛等十一州縣被災田畝免糧有差

雍正二年春霪雨連綿縣災

七年波前鄉民謝文進一百歲浙江學政汪漋給匾額

上壽坊

乾隆二十年歲大歉

二十二年坊郭鄉金羽鳳妻沈氏一百歲 題請建坊

二十八年坊郭鄉西園民金五玉一百歲邑令高給照朝人瑞額

二十九年波前鄉童應詔妻章氏一百二歲 題請建坊

四十七年波前鄉景村民章其能一百歲

五十大旱高下田禾皆槁死無收民饑甚各鄉殷户助賑

嘉慶三年川前鄉竺村山裂廣文、徐長龐

五年五月大霖雨山田被砂石湮沒者以千計 以上舊志

道光二十七年八月二十五日縣西十五里靈濟山忠靖王廟後蛟發漂沒正殿三楹沈田數畝拔去大樹數株

二十九年五月縣西北四十里白沙村山崩全村被壓許村民數十家先聞有聲如雷後復大雨如注罹而也遁人口無傷遂覓地構屋以居即今之牆圍裏也

咸豐十年正月有怪鳥夜鳴其聲甚哀及旦視之地有血漬清明前後到處聞鬼泣之聲古廟中若有人喧議者數夜未幾粵寇至

十一年十二月二十六日大雨雪至同治元年正月初止平地厚七八尺

同治二年十一月督憲左酌發於潛災黎寒衣二百件十二月撫憲蔣委員解至棉衣七百件會同散給

三年藩憲蔣給撫郵災黎米二百石由紳士戚齡棠請

八月管帶楚軍左營副將李駐營麻車埠給十二鄉牛價洋一百八十元

四年藩憲蔣發洋四百元支給各項經費給災黎殮葬一百五十六元給招集無本窮民五十三元給修太平橋四十元給修黃山郭西官堰六十元給修補惟後等鄉小堰款處三十元給收買殘骨洋十六元給掩埋暴棺二十八元餘洋十七元別項零支閏五月奉旨減免通省漕糧於潛減米三百三十石

六年夏亢旱并有野豬踐食蟲傷其災南鄉尤重東次之災田糧賦一體全蠲並豁免額田十頃二十九畝一分地三頃六十一畝四分

七年五月霪雨為災平地水深丈餘西北鄉尤重東南次之沖毀橋屋隄堰不少石積成廢田地勘實一十三

頃九十畝五分緩徵歸入本地題銷案内請豁蒙撫憲撥給修築隄壩費洋一千元

八三夏秋之間迭遭霪雨歉收田緩徵

九年六月旱至七月下旬得雨歉收田銀米緩徵六七八三年原緩銀米遞緩一年

十一年雨暘不時八月復遭風損蟲傷歉收田銀米緩徵原徵銀米遞緩一年十一月奉　旨豁免同治四五六年民欠錢糧

十二年夏亢旱歷年原緩銀米遞緩一年

光緒元年三月奉　旨豁免同治七八九十等年民欠錢糧

二年六月十四日蛟洪驟發平地深數丈房屋橋梁沖

毀不少砂石積壓成廢田十二頃三十九畝二分二釐二毫四絲八忽地六頃三十二畝一分成災田銀米蠲七徵三歉收田銀米暫緩至明年麥熟後啟徵歷年原緩遞緩一年知縣陳棠請酌撥款項為修隄堰之資

三年五月二十一日大雨三晝夜田禾湮沒石積秋閒并有蟲傷東鄉較重西北次之

四年七八月間天旱遭風九月陰雨連旬災歉田銀米緩徵歷年原緩遞緩一年

五年四月霪雨六月亢旱災歉田分別蠲緩歷年原緩遞緩一年

八年五月二十三日大雨蛟水陡發平地高丈餘女兒同慶武村諸橋堡被沖損勘實石積成廢田一十三頃

一十一畝七分四釐三毫二絲地一十六頃二十畝八
分四釐一毫
九年七月風雨過多傷禾歷年原緩遞緩一年
十年挑復田八頃七十九畝五分地八頃六十一畝三
分九釐一毫八月奉　旨豁免光緒五年以前民欠錢
糧及因災緩帶銀穀
十一年五月初三初五二日夜大雨大水田廬隄堰被
沖不少
十五年正月奉　旨豁免光緒九年以前民欠錢糧及
因災緩帶銀穀三月奉　旨豁免光緒十三年以前民
欠錢糧八月二十四日起霪雨至九月杪止田禾湮沒
康瀾杭嘉湖各州縣同被水災棠撫憲崧　奏請豁免

本年冬灣並免征成災九里之處地丁原緩銀米遞緩
一年并分給於潛縣銀四百兩因地方尚苦以工代賑
修下步溪橋又奉發兩江解撥賑洋五百元
十六年六月初二日大風傷禾秋復傷蟲歉收田銀米
展緩一年並遞緩上年原緩銀米
十七年六月奉文軍民八十以上者給與絹一疋綿一
觔米一石肉十觔九十以上者倍之至百歲題明旌表
十八年夏旱禾傷歉收田新賦緩征其十五年原緩銀
米遞緩一年
十九年夏秋多雨原緩銀米遞緩一年
二十年夏秋旱災歉田銀米由撫憲　奏請奉　旨災
蠲歉緩其上年展緩及遞緩銀米再緩一年

二十五年波前鄉太陽宮民蔡起壽一百歲

夏曰璈、張良楷等修　王韌等纂

【民國】建德縣志

民國八年(1919)金華集成堂鉛印本

災異

春秋書災而不書祥防修汰也舊志書異纍纍書祥十七條其間僅孫吳時永安五年黃龍見於靈巖甘露元年建德獲

大鼎劉宋之元嘉二十年白鹿見於新安趙宋之景定初年瑞麥生於東郊遜清順治六年竹隔產靈芝嘉慶十八年雙蓮書院及後樂園產靈芝數則稍著可知讖緯符瑞先進已非之改曆而後政尚實行四年湖北發見石龍政府不以爲瑞況縣屬並無祥可書因自梁始凡書異者悉載之其祥略而不書

梁承聖元年壬申（即大寶三年十一月元帝即位江陵始改號承聖）六月隕霜殺草

唐神龍元年乙巳三月乙酉大風拔木暴寒且冰

宋紹興三十一年庚辰冬雷無冰恆燠如夏

嘉定八年乙亥大旱百二十五日不雨

嘉熙四年己亥夏秋大旱明年春民食橡蕨餓殍枕藉

淳祐十二年壬子夏大水五日方退壞公私廬舍無算

景定二年辛酉秋大饑

韓宋龍鳳八年辛丑（卽元至正二十二年）大饑次年壬寅大水

明洪武三年庚戌旱八年乙卯又旱

永樂四年丙戌大水

宣德九年甲寅旱

成化九年癸巳饑（是年縣紳宋璣仲振粟六百斛）二十二年丙午大水

弘治二年己酉大旱

正德元年丙寅大旱六月至八月不雨三年戊辰又大旱四年己巳十一月霣霜殺草竹樹皆枯卉無遺種

嘉靖十八年己亥大水踰城及府儀門漂没田廬無算洪濤中有物如牛人以爲龍二十年辛丑大旱蝗三十年辛亥二月大風飄

瓦元聲閣鐘飛墮城外覆舟甚衆三十七年戊午春訛言黑眚至居民鳴鉦達旦匝月乃已

萬曆七年己卯青蟲損禾幾盡十六年戊子大饑且疫民食草根二十二年甲午五月六日未刻地震二十七年己亥大水繼而大旱山竹生米可食三十二年甲辰十一月九日戌刻地震牆宇有損壞者三十五年丁未夏大水損田萬餘畝漂沒房屋無算溺斃猶衆三十六年戊申夏大雨平地水高數尺四十三年乙卯饑是年縣紳陳琨振穀九百四十餘石

天啟元年辛酉大水四年甲子又大水

崇禎元年戊辰七月大火延燒澄清門城樓十三年庚辰夏霪雨

彌月二麥無收繼而大疫十四年辛巳夏又大疫十五年壬午夏
大水驛東民居六十餘間盡頹入水十六年癸未二月烏龍山霧
其色綠三月東湖水赤三日始清六月朔大風折木
清順治十六年己亥四月牛大疫六月天雨黑沙十八年辛丑五月
大雨四鄉出蜃壞民居七月又大旱
康熙五年丙午十二月澄清門內火民居盡毀延燒城樓七年戊
申六月十七戌刻地震旋生白毛十一年壬子四月十五天狗自
東北經天至西方而霣其聲如雷十三年甲寅十一月有黑熊入
民家獒一婦人去十八年己未除日和義門內火一街盡毀二十
一年壬戌五月大水踰城六月又大水（李用勤詩）嗟維歲次曰壬戌夏五兼旬月離畢傾盆

金華集成堂代印

疾雨撼風雷浩浩懷（襄）堯舜日庚辰猶未戰支祁河伯天吳得意時雨江銀浪如山立排城入市魚遊塒晉陽三版豈云病千雉而今已半弃乾坤震動陵谷移蛟蜃廻翔蟲黿橫矮屋隨波大厦欹崩今垣沉壁家家悲人民逃水如逃寇纍纍挈妻并挈兒更有倉皇奔騰及慘向洪濤作腐屍饑烏啞啞枝上叫湍頭羣集啄腸腓高田卑隰皆湮沒禾稾爛死禾根拔無論此日傷滿目最苦終年失民依且聞當其衝激處石滑峻嶒齒相鋸平原高壤忽成溪萬衆呑聲不忍覷畦中蔬菜無一存冷樹空餘數畝園既嘆薪如桂還憐米似璠眼前艱尚爾秋冬胡可言吁嗟乎微官愧乏廻天力半夜徒勞請命思當道已上鄭俠繪奏廷頒振振窮黎（縣紳陳元銘記）嚴郡居萬山之中地勢最高而往往受水之患者何以故嚴由省會視嚴陵則據浙西之上游而形居其亢自新安視嚴陵則盡爲休歙之下臂而形處其卑此西港水所由來也而南復爲八閩三衢之門戶金華蘭江之水盡會於城東二水合而放乎七里瀧兩山對峙如屏旁無所瀉畢懸一線如喉呑不及吐是以逆流而上氾濫懷襄顧或有西港之水而無橫港以阻之則猶未至於浸淫也惟西有奔溢之勢而南復狂瀾澎湃以益其怒由是衝逸排擊之患往往中於城市汎濫民居然其小者不過及階而止大或四五尺或更數歲而一遇從未有如康熙二十一年五月十七夜之水之大且怪也其水迅發人不及措手足故曰怪也或曰元至正

年間洪水橫流指拱宸門外石亭以爲證而碑文磨滅多不可攷惟明天啟元年辛酉大水四年甲子又大水居民於世柱史坊上兩題其處曰天啟某年某月水至此今其迹尚有存者茲則過原刻字處直平石坊橫梁矣右營都司馬君復刻石以記噫此一水也北至府治麗譙下而東西與南則無地非水也水勢洶湧人心旁皇暴露乏食或避城上或避縣學署以及高阜處而避府城隍廟者爲最多始於十七退於二十一日上而城郭公廨崩頹下而民居廬舍傾圮若城外沿溪一帶漂沒不可勝數至四鄉衝壞田地堰碣徙蕩古穴攢基更有不忍言者噫此甲子後未有之天災也洪水甫退復有六月初大於斯水之論果於六月初一日霪雨連綿至初五則自辰至午晨昏不辨水勢洶湧似倍於前而人心旁皇亦倍於前居民褰裳跣足而求避水亦更倍於前嗚呼痛定思痛情已不堪況復痛乎幸郡伯任公編茷救溺煮粥療飢且平糶以便民至次年秋熟乃止又邑侯戚公爲民請命申詳各憲給圖入告俾士民實沾朝廷蠲租之惠者郡邑大夫力也夫水天下之大利大害也聚之則爲害散之則爲利長之則爲害貧之則爲利而嚴陵斗大一城山滌縣至易盈易涸聚之無可聚散之無可散畏之則疾如仇讐貧之則求而弗得未可與東南水利可以疏濬可以渟瀦可以灌溉者同年而語也是在留心民社者求其獲救其災審其所患恤其所無斯有大利而無小害耳且從來未有一

歲兩次大水入城者宋形家吳景鸞記云一年兩水進城須防火盜而橫港直沖東館似乎巽水上堂詩云郛巽二峯重建塔狀元從此冠羣英今雖未能建塔而巽水上沖亦文明之象也將來必有瑞應記以爲驗云二十二年癸亥饑二十五年丙寅閏四月大水田廬被沒二十六年丁卯五月旱禾苗盡稿七月始雨三十二年癸酉夏旱是年準免漕糧三十八年己卯夏六月大水踰城四十二年癸未大旱是年與西安臨水等八縣被災田畝準免地丁銀兩五十年辛卯大水五十二年癸巳大旱是年與臨安西安等六縣被災田畝準免地丁銀兩五十三年甲午大水是年與遂安壽昌桐廬等縣被災田畝準免地丁銀壹萬叁千肆百伍拾玖兩捌錢零五十五年丙申又大水是年與蘭溪龍游等七縣察勘分數照準蠲免五十七年戊戌災是年特免合縣漕糧一全年五十八年己亥大水是年與錢塘等二十一縣衢嚴兩所被災田畝準免地丁

乾隆九年甲子秋七月水十二年丁卯災是年特免錢糧一全年十六年辛

未夏無雨秋又無雨（是年免通省錢糧叁拾萬建德縣免拾分之壹（按）乾隆十六年亢旱柒分以上災田捌萬叁千肆拾肆畝零奉旨先行撫恤一箇月捌分以上極貧加振四箇月次貧加振三箇月柒分極貧加振二箇月次貧加振一箇月又奉旨概行展振一箇月外貧生撫恤加振各展振一箇月四笅民撫恤加振同展振一箇月災田按照被災輕重散給籽本銀兩知縣蔡其昌奉知府吳士進飭勸殷戶出貲多者千餘少者數拾兩合得壹萬數千餘金由司給照赴江蘇買米平糶事竣還本其間以拾分之壹煮粥散振議不取償董其事者爲貢生詹騰衍生員喻成烈捐數則以職監張啟運舉人王懋學拔貢吳芝淦例貢王均王國誌鄧嘉言施世榮劉文英王以彭張時燕監生蔣自超童與權陳希愈貢生夏長慶夏惟濬生員鄧榮學鄧榮勤宋汪余懋光爲多餘不備載自是年起至嘉慶二十四年止中間屢有水旱以無成案付之缺如）二十七年壬午夏半道禩火毁民居無算四十七年壬寅六月翼星有聲如雷旋化爲石（其石在今廠車莊蓮花菴後）五十一年丙午夏大疫冬澄清門內火至南周廟止五十三年戊申五月大水漂沒田廬無算五十五年庚戌

金華集成堂代印

大雪十一月至十二月始止
嘉慶元年丙辰正月大冰凍五年庚申正月大雪平地深四五尺
夏大水入城至三元坊旱禾盡淹七年壬戌大旱自五月不雨至
七月中始雨十二年丁卯五月大水入城至傴石巷口十六年辛
未二月二十三寅刻地震秋大旱九月晦大街火毀市房二十餘
間石坊一十七年壬申秋彗星見光長數丈月餘始沒冬地生白
毛十九年甲戌夏旱二十年乙亥九月十三丑刻地震二十五年
庚辰夏大旱秋螟是年東館等三十四莊被旱成災拾分田壹百叁拾叁頃肆拾壹畝貳分壹釐準免地丁銀壹千肆百貳拾肆兩壹錢玖分柒釐又糧項月糧米銀肆拾柒兩柒錢伍分陸毫被旱歉收田肆百玖拾肆頃玖畝伍分緩徵銀柒千伍百叁拾伍兩柒分又糧項月糧銀貳百伍拾兩陸錢叁分玖釐四毫俱緩此次旱災知府劉重麟飭知縣劉西山勸在城殷富共

捐銀幣肆千柒百伍拾圓派商程我耘協同方日順胡允茂汪和豐鄭茂興等幹照分赴長安鎮買米轆轤轉運減價平糶自十二月起至次年四月止除減價折耗外尚餘錢貳千陸百陸拾揭交典生息並論四鄉捐米就地減價平糶民賴以安道光七年五月初六奉旨捐振各紳自叁百兩以上者分別給予議叙

道光三年癸未五月大水東西北三鄉災秋螟是年楊家青山西小洋裹何等二十八莊共成六分災田肆拾伍頃叁畝柒分七分災田壹百伍拾叁頃玖拾肆畝叁分十分災田肆拾壹頃玖拾陸畝特免地丁銀玖百捌拾捌兩柒錢捌分肆釐水冲石積不能墾復田地基等共稅陸頃壹拾貳畝零貉銀捌拾玖兩玖錢貳分伍釐被災貧民大口九百六十八振銀壹百柒拾肆兩貳錢肆分小口三百五十四振銀叁拾壹兩捌錢陸分冲坍瓦樓屋二十四間振銀肆拾捌兩瓦平屋六十五間振銀陸拾伍兩草平屋二十二間振銀壹兩草披房二十一間振銀伍兩貳錢伍分嘉慶二十五年存典生息錢此次由知府畢鏞敏飭知縣周興嶧提支叁千貳百玖拾捌千肆百並續捐銀幣壹千陸百柒拾貳圓折錢共成肆千柒百伍拾叁緡交紳士方佶胡容松領給各商分赴長安鎮運米平糶又奉撫藩二憲撥給官捐西安縣倉米壹千陸百叁拾陸石飭縣減價平糶於四

年二月起至六月中止共耗錢叁千肆百陸拾捌緡有奇當給還續捐欵內錢叁百玖拾貳千玖百貳拾文淨剩舊存平糶項下錢捌百玖拾壹千捌百零仍存典生息六年十一月初二日奉旨準以捐振各紳自叁百兩以上者分別給予議敘四年甲中六月南鄉大水壞橋十數民房百淹斃大小男婦一十八口是年知縣周興嶧捐俸銀叁百伍拾肆兩叁錢伍分五年乙酉正月大雷電既望大雪平地深三尺六年丙戌十二月八日大街火毀市房二十七間七年丁亥正月黃浦街火毀民房四十三家八年戊子五月大水秋大旱螟冬牛大疫十二年壬辰災是年縣人姜家讓捐欵平糶十四年甲午夏大水二十九年己酉夏大水至雙桂坊是年水戽門坍見有物如牛沒於東湖冬繕城掘石佛一居民立廟祀之

咸豐三年癸丑七月有星大如斗尾垂小星由東南而北其聲如

雷六年丙辰夏彗星見西北方光數丈八月烏龍山崩數十處壞民田雞籠巷陷如潭七年丁巳夏彗星見西北方大風七月既望大雨蛟水陡發損田廬無算（是年縣人婁利恒首先捐款運米平糶）十年庚申三月彗星見

同治元年壬戌夏大水十一月十三夜火城克二年癸亥荒人相食（是年爵帥左宗棠給發耕牛籽本撥款散振并開設粥廠以濟災民）三年甲子春大疫日斃百人城內徹夜有聲如人相聚而啼（是年免熟田錢糧）四年乙丑大水至大方岳（是年又免熟田錢糧如已完在官者概準流抵五年新賦以舒民力）十年辛未四月大風毀縣學櫺星坊一及府廟福善禍淫坊一民房亦有被毀者五月水初八夜火江西教匪入城旋又大旱（是年特免錢糧一年）十三年甲戌水（是年準免成災）

金華集成室代印

田地錢糧

光緒二年丙子水四年戊寅五月大水至府頭門八年壬午夏大水有星如匹練出東方月餘始不見是年準免錢糧伍百零柒兩捌錢柒分知縣劉毓森詳撥省倉積穀散振并請給款修築堰壩九年癸未大水十二年丙戌三月天無纖雲獅峯塢山裂丈許水湧不止父老以黑犬血及鍋鐵數百斤置裂處乃合十三年丁亥五月大水桐嶺塢等處石山併裂沒田壹千餘畝村民見有物如龍約長五六丈又楓屏山石崩裂十餘丈水湧不止兩月始巳是年知縣劉毓森捐廉給縣紳陳元善朱杭吳逢慶嚴正鵠等赴金郡買米散振十七年辛卯二月大雨雹損及民房六月霪雨西北兩鄉冲坍大小堰壩六十餘處是年知縣張超詳撥省局銀幣壹千圓散振並貼鄉民修築堰壩次年經知縣吳俊詳準照免成災田地項下

錢糧

十八年壬辰旱二十年甲午又旱是年流抵地漕銀捌百拾肆兩伍錢貳分玖釐二十四年戊戌立冬後十日有星大如斗自東北流入西南方而沒其聲如雷烏鵲皆散二十六年庚子三月十一日辰刻天色昏黑咫尺不辨一時許始明七月東南方有星下墜未幾衢州亂二十七年辛丑五月大水入城三次損田無算新安江上流厝柩房屋牲畜蔽江而下三晝夜不絕六月彗星見於西北方十數日始滅十一月附城大火延燒四十餘家十二月疫小兒殤於痘者無算是年免地漕銀壹千伍百貳拾肆兩貳錢捌分捌釐並振銀幣貳千圓三十年甲辰五月大水西鄉凍森源高山被陷十餘處

宣統元年己酉災是年西小洋莊流抵地漕銀肆拾兩並振銀幣伍百圓二年庚戌災是年流抵

地漕銀叁千伍百壹拾肆兩肆錢捌分肆釐並振銀幣壹千圓三年辛亥四月彗星見九月三都宋姓園中桃李盛開十四夜省城光復是年下忙糧漕全免民國一年二月大水烏龍山崩三月大風府文廟櫺星門仆是年免地漕銀壹百壹拾陸兩伍錢玖分陸釐二年六月雹雨北區塔石塢余姓家水由中堂湧出是年免地漕銀伍百貳拾捌兩肆錢叁分捌釐三年六月府文廟大成殿火寸木不存秋大旱窮民掘食三十六桶及觀音粉是年免地漕銀玖千柒百壹拾肆兩貳錢叁釐按此次旱災知事高璽階委自治辦公處勸論公賑由鹽商宋榮芳經理次年完本活人無算洋溪源雨豆其色赤五年春陳村莊雨雹大者重十斤二麥歉收大樹有被拆者並損及民房六年一月二十四日辰刻地震七年二月十一日又震十四大震七月三十夜西南有星大於斗向北而霣其聲如雷